AF462476

MANUEL PRATIQUE
D'ARBORICULTURE,

RENFERMANT

CE QUE LES MEILLEURS AUTEURS ET LES PRATICIENS ONT DIT DE MIEUX

SUR

LES DÉFONCEMENTS, LA PLANTATION,

LES FORMES, LA TAILLE ET LA MISE A FRUIT DES ARBRES FRUITIERS,

PAR

L'Abbé RAOUL,

CURÉ DE COULEVON, PRÈS VESOUL (HAUTE-SAONE).

Ligna fructifera laudent nomen Domini.
Arbres qui portez du fruit, bénissez le nom du Seigneur.
(Ps. 148.)

DEUXIÈME ÉDITION,

REVUE, AUGMENTÉE ET ORNÉE DE FIGURES PAR L'AUTEUR.

BESANÇON,

CHEZ TURBERGUE, LIBRAIRE-ÉDITEUR,

RUE SAINT-VINCENT, 33.

1859.

MANUEL PRATIQUE

D'ARBORICULTURE.

BESANÇON, IMPRIMERIE DE J. JACQUIN.

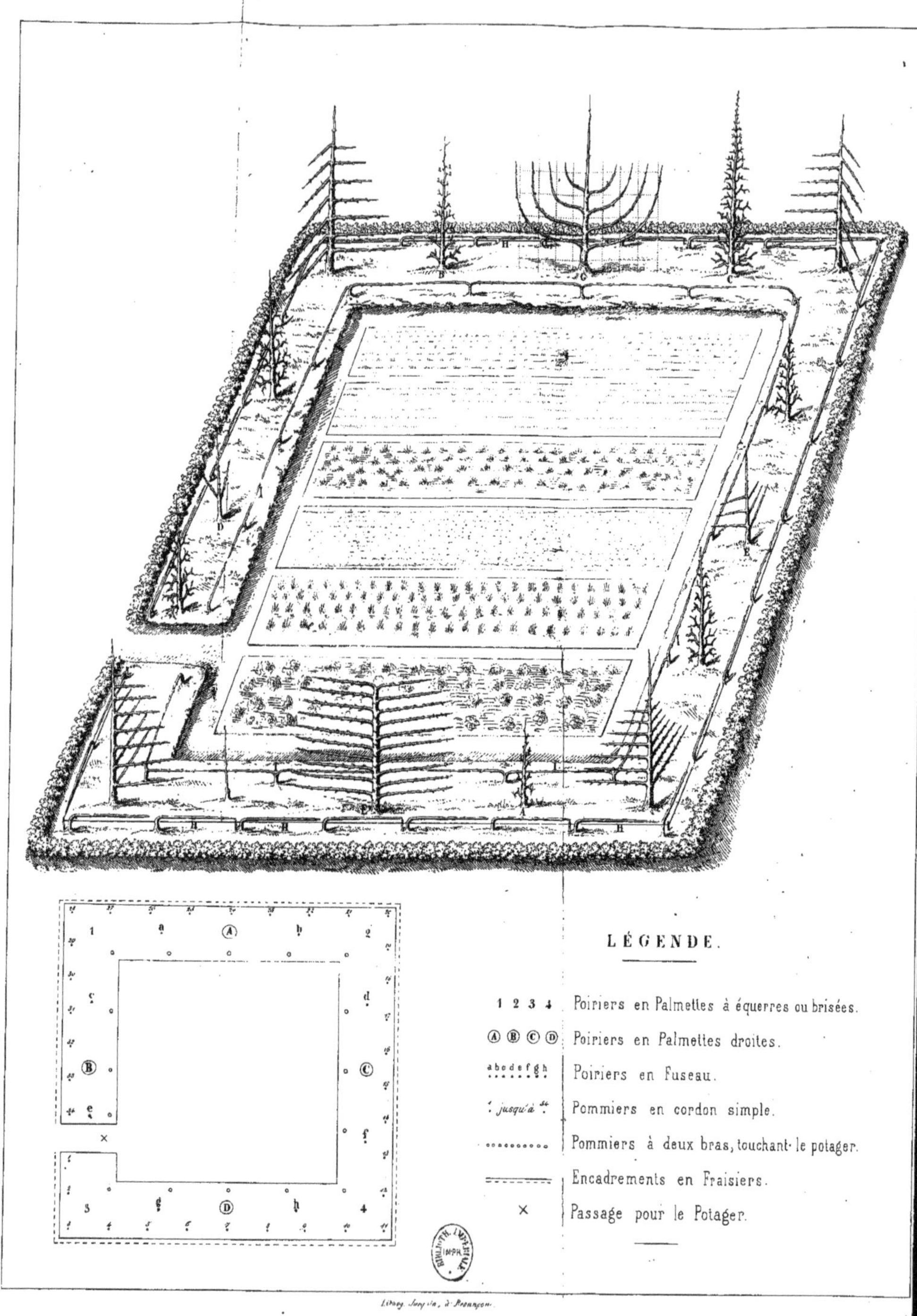
LÉGENDE.
1 2 3 4 Poiriers en Palmettes à équerres ou brisées.
Ⓐ Ⓑ Ⓒ Ⓓ Poiriers en Palmettes droites.
a b c d e f g h Poiriers en Fuseau.
1 jusqu'à 54 Pommiers en cordon simple.
Pommiers à deux bras, touchant le potager.
Encadrements en Fraisiers.
× Passage pour le Potager.
Lithog. Jacquin, à Besançon.

MANUEL PRATIQUE
D'ARBORICULTURE,

RENFERMANT

CE QUE LES MEILLEURS AUTEURS ET LES PRATICIENS ONT DIT DE MIEUX

SUR

LES DÉFONCEMENTS, LA PLANTATION,

LES FORMES, LA TAILLE ET LA MISE A FRUIT DES ARBRES FRUITIERS;

PAR

L'Abbé RAOUL,

CURÉ DE COULEVON, PRÈS VESOUL (HAUTE-SAONE).

Ligna fructifera laudent nomen Domini.

Arbres qui portez du fruit, bénissez le nom du Seigneur.

(Ps. 148.)

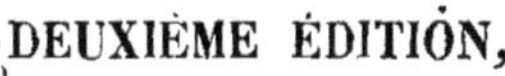

DEUXIÈME ÉDITION,

REVUE, AUGMENTÉE ET ORNÉE DE FIGURES PAR L'AUTEUR.

BESANÇON,

CHEZ TURBERGUE, LIBRAIRE-ÉDITEUR,

RUE SAINT-VINCENT, 33.

1859.

AVIS

SUR CETTE SECONDE ÉDITION.

La faveur avec laquelle le public a bien voulu accueillir notre première édition, écoulée si rapidement, nous montre qu'il a entendu notre appel et compris les raisons qui l'ont motivé. Nous lui disions, il y a un an : L'arboriculture nous offre une récréation des plus intéressantes, toujours toute prête sous la main, et nous détourne par là de celles qui seraient dangereuses; elle nous présente l'avantage d'avoir et d'offrir de beaux et excellents fruits, depuis le mois de juin jusqu'au mois de mai (douze mois de l'année), et de nous faire, à volonté, un honnête revenu du superflu. Car, selon la remarque faite sur ce dernier avantage par un homme judicieux et expert en cet art, remarque reproduite par plusieurs journaux de province, « à part quelques arbres à hautes tiges d'assez mauvaise apparence, peu de communes possèdent des espaliers; et pourtant il n'est pas une seule maison qui n'ait plusieurs faces à une exposition favorable, et qui, garnie sur chacune d'arbres bien choisis, ne puisse fournir à son propriétaire un revenu d'une certaine importance. Il n'est pas rare qu'un bon espalier donne 20, 30 et jusqu'à 40 francs de revenu. On peut tenir pour certain qu'un seul suffit largement pour payer, bon an mal an, la contribution foncière de la maison qui l'abrite. »

Désireux de faire jouir le public de ces réels avantages, je me suis remis à l'œuvre, et afin de mieux combler la lacune qui existe entre les grands traités, trop longs et trop chers, et les petits ouvrages, tous incomplets, j'ai travaillé à rendre mon Manuel le moins imparfait possible. Aidé d'une expérience plus exercée et de bons conseils, et ayant puisé à cette source si abondante et si sûre (les deux cours complets et successifs que le savant professeur M. Dubreuil vient de terminer à Vesoul), j'ai la confiance d'avoir atteint ce but.

Cette édition est ornée de figures d'arbres qui faciliteront beaucoup l'intelligence du texte : une grande planche, placée en tête du livre, fera voir au lecteur le parti qu'on peut tirer d'un petit jardin, sans en exclure les légumes ; nous renvoyons souvent aux différentes figures de cette planche dans le cours de nos démonstrations. Dix autres petites planches se trouvent dans le corps de l'ouvrage, placées en regard de l'article qui en donne la description.

Nous avons retouché les principes généraux de la taille, qui se trouvent maintenant mieux à la portée du lecteur, que nous engageons fortement à se bien pénétrer de ces principes, car leur étude lui facilitera beaucoup l'intelligence de toutes les démonstrations qui suivent.

On trouvera dans cette édition un article spécial pour la culture du pommier, si négligée par les auteurs; le chapitre IV, *De la mise à fruit,* retouché et plus développé; le chapitre V, *Du Pêcher,* traité à neuf, en faveur du pincement court dit *à la Quintinie,* suivi d'un appendice sur la taille longue dite *l'ancienne taille;* un article nouveau sur les soins à donner au jardin fruitier; le chapitre VI, enfin, traité à fond pour la culture de la vigne dans les jardins.

Nous avons conservé à notre livre son caractère de simplicité et le style de la conversation, parce que nous avons pensé que sa clarté en dépendait, et que le public bienveillant voudrait bien, quand même, accepter notre opuscule avec indulgence.

MANUEL PRATIQUE
D'ARBORICULTURE.

CHAPITRE PREMIER.

DE LA PLANTATION.

La réussite des arbres fruitiers dépend en grande partie des soins qu'on apporte à leur plantation. Jusqu'ici on s'est contenté de creuser un trou de 30 à 40 centimètres et d'y enfoncer le sujet; après avoir rejeté la terre sur les racines sans aucune précaution, on la tassait fortement autour du jeune plant, en la piétinant. Cette pratique est extrêmement vicieuse. Aussi voit-on, dans la plupart des jardins fruitiers, des arbres d'ailleurs vigoureux au moment de leur plantation, devenir chancreux, se dessécher et périr avant d'avoir donné aucun fruit; ou bien ils végéteront tristement, occupant ainsi sans profit une place précieuse. Ce triste résultat est facile à expliquer : la terre cessant d'être meuble à 50 centimètres environ de profondeur, les jeunes racines, extrêmement tendres, trouvent en s'allongeant une terre trop compacte, qu'elles ne peuvent percer et contre laquelle elles se dessèchent et meurent. On se plaindra du pépiniériste, on accusera le sol, le climat, que sais-je? Vos arbres étaient bons; il n'y a pas de mauvais sol pour planter; le climat n'est pas toujours défavorable, et l'on peut y remédier par des abris, surtout en faveur des espaliers.

Vous avez mal planté : voilà l'unique raison du dépérissement de vos plantations.

Comment faut-il donc s'y prendre pour réussir? Défoncez le sol : voilà la condition absolument nécessaire pour une bonne plantation.

Mais (et je préviens de suite une objection), une plantation faite dans de telles conditions devient bien dispendieuse. — Pas autant qu'on le croit, et si on veut voir le revenu à venir, la dépense n'est rien. Et si vous craignez la dépense, plantez sur un plus petit espace, en adoptant les formes que nous dirons plus bas être plus conformes aux petits jardins, plantez moins de sujets. Au lieu de 50, n'en plantez que 20 bien choisis. Ces 20 arbres, bien plantés, vous donneront plus de fruits et de plus beaux fruits que les 50 plantés comme on l'a fait jusqu'ici.

Je viens de dire qu'il n'y a pas de mauvais sol pour planter. — Non, car le défoncement peut en changer la nature. Si la terre est grasse, il faut la rendre plus légère, moins compacte; si, au contraire, elle est trop légère, il faut lui donner du corps; quant aux terres humides et froides, on les dessèche, on les réchauffe.

Pour alléger les terres trop grasses, trop argileuses, on peut y mêler soit du sable, soit des gazons (1). Quant aux

(1) *Gazons*, terre enlevée avec la pelouse le long des routes, des ruisseaux ou dans les prés, entassée, la racine des plantes en

terres calcaires ou trop légères, il faut leur donner du corps et de la fécondité en y ajoutant des bouages (1) bien mêlés avec la terre qu'on veut bonifier. S'il faut dessécher et échauffer des terres humides et froides, on met dans le fond des fosses ou tranchées des *débris de démolition*, ce qui donne de l'écoulement aux eaux. On établit ensuite un lit de gazon d'environ 30 centimètres, et l'on mêle avec la terre de la fosse du fumier de cheval, à la proportion de la moitié. Un petit drainage serait bien utile en pareil cas.

Défoncement. — Vous avez à planter à neuf toute une plate-bande autour d'un carreau de jardin ou le long d'une allée : défoncez le sol à 1 mètre de profondeur sur 1 mètre 50 de largeur. (*Voyez la grande planche* pour le défoncement.) S'il s'agissait d'une plate-bande le long d'un mur, il serait prudent de ne défoncer que l'emplacement que l'arbre doit occuper, un mètre cube, de crainte de faire tomber le mur, comme il est déjà arrivé ; les années suivantes, on étendrait le défoncement, pour offrir aux racines qui s'allongent la nourriture qu'elles réclament. Pour faire le défoncement complet, l'ouvrier ouvre une fosse de 1 mètre 50 centimètres en carré jusqu'à la profondeur de la tranchée, qui doit être de 1 mètre ; il se place dans cette fosse, met derrière lui dans le fond, à la

dessus, pendant six mois ou mieux un an ; engrais précieux, propre à garnir le fond des tranchées à une épaisseur de 30 centimètres, pour une plantation.

(1) *Bouages*, engrais provenant des boues des rues, du curage des fossés et des étangs, au moins à moitié consommés par un séjour en tas pendant six mois ou un an.

moitié de la profondeur, des *gazons* bien divisés, moyen infaillible de procurer à ses arbres pendant longtemps une riche végétation.

L'ouvrier ayant eu soin de mettre de côté la terre du fond de sa tranchée, qui est ordinairement mauvaise, ainsi que toutes les pierres qu'il rencontrera, abat devant lui la terre végétale à une profondeur d'environ 50 centimètres, il rejette cette terre sur les *gazons*, pour combler et bomber sa tranchée. Si l'on mêlait à la terre végétale de la superficie de la tranchée des bouages bien passés, le défoncement serait parfait et la plantation riche d'avenir. L'ouvrier fait ainsi le tour de son carreau en procédant comme nous venons de le dire. Les mauvaises terres provenant du fond de la tranchée seront répandues sur la surface du carreau, pour y être bonifiées par des engrais et les influences atmosphériques.

Si le défoncement avait lieu dans un terrain dont la terre n'est pas usée, et que cette terre paraisse bonne à la profondeur de 1 mètre, on se contenterait de mettre au fond de la fosse la terre qui était dessus, et on achèverait de la remplir, ayant soin de la bomber avec la terre qui aura été tirée du fond, mettant de côté toutes les pierres. Dans ce cas aussi, un mélange de *gazons* passés ou de bouages bien préparés enrichirait la platebande et perfectionnerait la plantation. Il faut se garder de placer ces divers engrais successivement par couche dans les fosses; il est indispensable de les mélanger parfaitement entre eux et avec la terre du sol conservée comme bonne.

Gardez-vous de vous servir de fumier non passé, il ne

peut être employé que pour paillis; s'il est arrivé à l'état de terreau, à la bonne heure.

Le fumier de vache convient aux terres légères; celui de cheval ou de mouton convient aux terres fortes.

La poussière ou la boue ramassée sur les routes est aussi un bon amendement; mais il faut mettre cet amendement en petite quantité et le mélanger soigneusement avec la terre dans le cas où elle serait légère; placé seul autour des racines des jeunes arbres, il les brûlerait et formerait pour elles un mur impénétrable. Un bon engrais aussi serait ce que les praticiens appellent *compost* (1).

Pour savoir si on a besoin de préparer des engrais avant de commencer un défoncement, on peut, sans sonder la terre, reconnaître qu'elle est usée ou de mauvaise qualité, à la pousse maigre et fluette des plantes et des arbres qui végéteraient dans cette terre, à la pâleur de leur feuillage, à la petitesse des fruits, et surtout à la brûlure de l'extrémité des pousses, qui se noircissent dans le courant d'août.

N'entamez jamais le sous-sol tuffeux ou argileux, ne serait-il qu'à 30 ou même à 20 centimètres de la superficie de la terre; ce serait y pratiquer comme une caisse de 1 mètre carré, dans laquelle votre arbre, surtout s'il est à noyau, ne se trouverait pas mal les premières années; mais après il dépérirait, parce que ses racines se

(1) *Compost*, engrais provenant des herbages du jardin, mélangés à quelques couches légères de chaux éteinte, ou de bonne terre, et à tout ce qu'on jette hors de la maison, arrosés quelquefois de purin ou d'autre liquide équivalent; le tout déposé dans un creux pendant une année.

trouveraient trop à l'étroit et finiraient par ne plus trouver de nourriture. Avec un pareil sous-sol, comme avec un terrain dont le fond est aqueux, si on ne veut pas assainir celui-ci par des pierres ou des fossés d'écoulement, rapportez de bonnes terres pour élever le sol, et plantez-y votre arbre. De cette manière, ses racines n'atteindront pas le mauvais sous-sol, et il prospérera longtemps.

Voulez-vous former un massif d'arbres pour en faire un jardin fruitier? Défoncez tout l'emplacement, en y mettant les soins que nous venons d'indiquer; dans ce cas comme dans celui où une plate-bande aura été défoncée en entier, on n'aura plus besoin de faire de nouveaux trous profonds pour planter.

Voulez-vous remplacer un arbre sans toucher à ses voisins? Contentez-vous de défoncer sur une superficie carrée de 1 mètre 50, donnant au défoncement 80 centimètres au moins de profondeur, avec les soins que nous avons indiqués. Mais c'est un poirier que vous voulez mettre à la place d'un autre poirier mort de vieillesse : alors changez totalement la terre, dont les sucs propres à la nature de cet arbre ont été épuisés. Si l'arbre à planter était d'une autre nature que celui qu'il remplace, par exemple un poirier en place d'un pêcher, il serait inutile de changer la totalité de la terre. Un peu de nouvelle sur les racines suffirait.

Si vous ne voulez pas élever votre terrain pour parer à l'inconvénient de l'humidité qui se trouve au fond de vos tranchées, mettez un lit de 20 centimètres de plâtras ou de pierres, pour la laisser s'écouler de la partie supérieure et empêcher les racines de rester au contact d'une humidité trop prolongée qui leur serait nuisible; et mieux, si la position de votre terrain le permet, pratiquez-y un bon drainage, vous ne tarderez pas à en voir les heureux effets.

Il en est qui placent dans le fond des tranchées humides de larges laves ou des planches, pour empêcher les racines de pivoter et les forcer de chercher leur nourriture horizontalement, ou bien qui mettent une couche de feuilles sèches de 30 centimètres d'épaisseur sur un carré de 2 mètres, piétinent cette couche pour la presser et la recouvrent de terre pour y asseoir les racines. Cette précaution est bonne et produit de bons résultats. Mais ne plantez jamais sur un pareil sol des arbres sur franc ou pivotant, comme le poirier et l'amandier. Plus votre sous-sol est mauvais, plus vous devez faire vos tranchées larges et peu profondes.

Les principes que nous venons de développer s'appliquent à la plantation de tous les arbres, soit en pyramide, soit en espalier ou en plein vent hautes tiges. Il faut cependant moins de profondeur au sol pour les pêchers greffés sur prunier, pour les abricotiers, les pommiers et les pruniers, que pour les pêchers greffés sur amandier et pour les poiriers sur franc, parce que les racines de ces deux dernières espèces, pivotant beaucoup, vont à une grande profondeur puiser leur nourriture, tandis que les autres, dont les racines s'enfoncent moins, peuvent aisément végéter à la superficie du sol. Cependant si, à 60 ou 70 centimètres de profondeur, on ne rencontrait que de la *glaise*, de la *marne*, de la *terre blanche*, des *grèves* ou du *schiste*, que plusieurs appellent *morte*, il faudrait porter la fouille jusqu'à 1 mètre au moins en tout sens. S'il s'agissait de planter des pommiers greffés sur paradis pour en former un cordon isolé, un défoncement de 50 centimètres en tout sens suffirait.

A quoi bon, dira-t-on, tant de précautions pour planter un arbre petit et faible. Je réponds : Votre arbre ne sera pas toujours petit, il grossira, il grandira, ses racines s'enfonceront à 1 mètre au moins de profondeur, et s'étendront à 2 mètres peut-être en tout sens; votre arbre aura dans peu d'années plusieurs centaines de fruits à nourrir, il faut donc préparer de quoi vivre à ses racines.

Epoque à laquelle il convient de planter.

On ne devrait jamais déplanter les arbres dans les pépinières avant la fin de la végétation, annoncée par la chute totale des feuilles; et si malheureusement on recevait des arbres dont les feuilles ne seraient pas tombées, il faudrait s'empresser, non pas de faire tomber, mais de couper par moitié avec des ciseaux le *pétiole* de toutes les feuilles, et bien se garder de planter les arbres munis de leurs feuilles, parce que celles-ci, en se desséchant ou en pourrissant, transmettraient aux racines une séve viciée, ce qui amène presque toujours la mort de l'arbre.

La fin de l'automne ou de la végétation est le moment le plus favorable pour les plantations. C'est une avance, parce que les arbres plantés alors émettent promptement un nouveau chevelu, et pour cela poussent avec plus de vigueur que ceux plantés après l'hiver. Néanmoins, on peut planter pendant tout l'hiver, depuis la fin d'octobre jusqu'en avril, chaque fois que les gelées et les grandes pluies ne s'y opposent pas; mais il faut bien prendre garde de jeter de la terre gelée dans l'intérieur des tranchées ni autour des racines des jeunes plants : cette terre serait un poison pour les arbres.

La plantation au printemps n'est préférable que pour les terrains froids et humides, et sujets à être submergés pendant l'hiver. Si cependant on n'avait pas été en mesure pour planter en automne, on le ferait aussi avec avantage au printemps, en prenant les précautions que nous indiquerons à l'article *Paillis*, et en ouvrant ses tranchées assez à l'avance.

Choix des arbres et leur habillage.

Prenez des arbres qui aient une belle peau lisse, tous greffés d'un an, sortant de bonnes pépinières, ayant un bel *empattement* et pourvus déjà de belles racines; ayez soin que celles-ci soient saines, préservées de meurtrissures ou de déchirements, que le rameau greffé soit déjà vigoureux et promette une belle venue.

Laissez à l'air le moins possible, et surtout pas à la gelée, ces jeunes racines; si la plantation était différée de quelques jours, mettez les jeunes plants en jauge isolément, c'est-à-dire dans de petits fossés, les recouvrant de terre fine ou de terreau, qui ne permette pas à l'air de circuler autour des racines. Il faut, pour ainsi dire, autant de précautions pour mettre en jauge que pour planter. Si par suite d'un long trajet ou d'un emballage sans précautions, ces racines étaient desséchées, mettez-les tremper pendant douze heures dans de l'eau, et même une heure ou deux dans un baquet d'eau dans laquelle vous aurez délayé du crottin de cheval ou dans de l'eau de fumier mélangée d'eau ordinaire, et plantez avant qu'elles n'aient eu le temps de se ressuyer. Si elles étaient arrivées gelées, mettez-les à la cave pour les dégeler avant de planter.

Avant de planter un arbre, il faut procéder à son habillage, ce qui se fait aux branches et aux racines. Pour les racines, retranchez avec la serpette bien affilée toutes celles qui auraient été éclatées ou meurtries lors de la déplantation, jusqu'à la partie saine : ceci est de la plus haute importance; l'omettre, c'est s'exposer à voir autant de chancres qu'il y aura de meurtrissures; l'arbre deviendra languissant et finira par périr. Rafraîchissez l'extrémité du chevelu desséché et des racines, en les taillant en biseau un peu allongé et en dessous, de manière que la plaie repose directement sur la terre; laissez-les dans toute leur longueur autant que possible. Si en taillant l'extrémité des racines, vous remarquez qu'elles sont noires ou seulement jaunes, taillez-les encore en remontant, jusqu'à ce que vous leur voyiez une couleur bien blanche. Supprimez aussi bien proprement l'onglet. Vous couvrirez, après la plantation, cette plaie avec de la cire à greffer. Si un trop grand nombre de racines se trouvaient meurtries, ne les supprimez pas, mais raclez les plaies et enduisez-les de cire à greffer (1).

(1) *Cire à greffer à chaud, sa composition.* Faites fondre dans un vase de terre sur le feu 500 grammes de poix blanche de Bour-

Quant aux branches, vous ne supprimerez que celles qui auraient été cassées ou endommagées, laissant attachée à l'arbre toute la partie saine.

Disons de suite que, dans la controverse, nous sommes de l'avis d'un bon nombre d'habiles praticiens, qui disent qu'il ne faut pas tailler les arbres pendant l'année entière qui suit leur plantation, spécialement les poiriers greffés sur franc, mais se contenter de retrancher de quelques centimètres la tige et l'extrémité des branches qu'ils auraient déjà produites.

Ceci ne s'applique qu'aux arbres à fruits à pépins; ceux à fruits à noyau, surtout le pêcher et l'abricotier, doivent dans tous les cas être rabattus l'année de la plantation. C'est un principe, que plus un arbre pousse de feuilles, plus ses racines se fortifient; lui retrancher ses branches, sous le prétexte de le former mieux et plus vite, c'est appauvrir ses racines et retarder sa formation. On peut admettre cependant quelques rares exceptions à ce prin-

gogne, 120 gr. de poix noire, 120 gr. de résine, 100 gr. de cire jaune, 60 gr. de suif, mélangez le tout pendant la fusion. Pour en faire usage, on la réchauffe pour devenir liquide sans être trop chaude; un pinceau ou une spatule sert à l'appliquer sur toutes plaies, surtout des arbres à noyau.

Cire à greffer à froid, sa composition. Faites fondre sur le feu et mélangez pendant la fusion, 500 grammes de cire jaune, 500 gr. de térébenthine grasse, 250 gr. de poix blanche de Bourgogne, et 100 gr. de suif. Faites-en des bâtons coulés dans des tuyaux en papier.

Pour en faire usage, on en pétrit un morceau entre les doigts, jusqu'à ce qu'il soit suffisamment mou. Ce mastic chaud ou froid résiste parfaitement aux intempéries des saisons. S'il y a séve dans l'arbre, le froid prend moins bien que le chaud.

cipe, en faveur d'une pyramide ou d'une palmette déjà formées, que l'on pourrait, non pas tailler la première année, mais auxquelles on pourrait retrancher un peu plus de bois qu'aux autres, si surtout elles avaient été plantées munies de nombreuses et belles racines, car il faut toujours mettre les branches en rapport avec les racines lors de la plantation d'un arbre.

Mise en terre.

M. J.-L. Jamin, répondant à une question que je lui adressais sur la manière de bien planter, me disait : « Il ne faut pas planter profond; quand vous plantez un arbre, il faut le planter de façon que vous puissiez vous dire toute votre vie en le regardant : cet arbre n'est pas planté assez profond; et il sera bien. »

Il vaut mieux butter un arbre pour que la terre arrive jusqu'à la greffe, comme on butte les artichauts, que d'être obligé plus tard de former au pied, pour découvrir la greffe, une sorte d'entonnoir qui y attirera l'eau pour pourrir les racines. « J'ai dans mes cultures, me dit encore M. Jamin, des poiriers pyramides greffés sur franc plantés de façon qu'on peut passer des bâtons sous les racines supérieures, et ils sont vigoureux et fertiles. »

L'avantage de ce procédé est qu'on met les racines de l'arbre à portée de profiter de toutes les influences atmosphériques. Gardez-vous donc de planter trop profondément.

Si votre sol est léger et chaud, vous butterez l'arbre un peu plus solidement, de façon que les plus hautes racines soient recouvertes d'environ 10 centimètres de terre. Dans les terres fortes, il suffit que les plus hautes racines soient, au point de leur naissance, à 3 ou 4 centimètres de la superficie du sol. Plantez par un beau temps plutôt que par la pluie; choisissez de la terre meuble, comme du terreau, plutôt que de la terre trop humide, qui se plombe, devient compacte et empêche le développement du jeune chevelu.

Une bonne précaution à prendre, c'est de mettre en réserve de la terre meuble, comme est celle des taupinières : on la prend, en enlevant par un beau temps la superficie des carreaux du jardin, on en fait un tas que l'on couvre; et si on avait du terreau à y bien mélanger, ce serait excellent.

Avec cette terre, on peut planter en tout temps, même par la pluie, si on est pressé.

En plantant, on doit prendre en considération l'effet du tassement du sol des tranchées fraîchement remué. On l'évalue ordinairement à 12 centimètres pour 1 mètre de profondeur de défoncement. Au reste, il n'y a pas de règle fixe pour cela, la terre forte se tassant d'environ 20 centimètres par mètre; cela dépend encore des engrais ou des amendements mélangés avec la terre. Si l'on plante sur une tranchée bien faite et bombée, on ne doit pas s'occuper du tassement, car l'arbre et la terre s'abaissent ensemble.

Une seule personne ne suffirait pas pour planter un arbre, il en faut trois : l'une le place au centre du petit creux pratiqué dans la tranchée et juste à l'alignement qu'il doit avoir, et le maintient durant toute l'opération, en ayant soin que la greffe soit tournée du côté du sud, l'onglet regardant le nord, les racines reposant sur une petite éminence formée de la terre meuble dont nous avons parlé; on tient l'arbre assez élevé pour qu'après le tassement des terres, la greffe dépasse encore de 3 ou 4 centimètres la superficie du sol de la plate-bande dans les terres fortes; ce qui est nécessaire surtout pour le pommier greffé sur paradis, dont la greffe doit toujours être hors de terre, de crainte qu'il ne s'affranchisse.

Une seconde présente la terre meuble à une troisième, qui avec ses mains la fait entrer entre les racines, en les séparant les unes des autres, en les plaçant horizontalement, pour les obliger à chercher leur nourriture vers la superficie du sol, ce qui rendra les arbres plus fertiles et les fruits plus savoureux. Elles doivent toutes passer par les mains du planteur, qui leur fera prendre leur direction naturelle sans les contraindre ni les croiser, et sans laisser aucun vide autour d'elles.

S'il y a un pivot, qu'on ne doit pas laisser plonger verticalement dans le sol, on le supprime; si des racines pivotantes étaient trop raides, comme il arrive dans les arbres greffés sur franc, on ferait bien d'inciser en dessous, au tiers ou à la moitié de leur épaisseur, quelques-unes des plus rebelles, pour les faire se prêter à la direction horizontale. Prenez garde de secouer votre arbre et de marcher au pied : en foulant ainsi la terre, vous vous exposeriez à casser les racines, ou tout au moins à les meurtrir. Contentez-vous de presser légèrement avec la pointe du pied, si la terre est sèche et légère, pour maintenir le sujet contre le vent; les pluies suffisent pour tasser les terres. D'octobre en février, dans les terres fortes ou mouillées, abstenez-vous de passer même le pied au pied de votre arbre. Si vous plantez tard, en avril par exemple, mouillez les racines pour que la terre s'y attache immédiatement, et versez un arrosoir d'eau au pied pour aider le tassement.

Si vous plantez en espalier (au pied d'un mur), opérez de la même manière, comme nous venons de le décrire ; seulement, éloignez la tige de 25 centimètres du mur, afin qu'elle puisse grossir, et inclinez-la vers lui, pour qu'elle s'y applique plus facilement : distribuez à droite et à gauche les racines, pour les empêcher de rencontrer les fondations, et fixez le petit arbre au treillage.

Pour les pêchers, voyez les deux yeux les mieux constitués, placés à environ 16 centimètres au-dessus de la greffe, un de chaque côté, et placez votre arbre de manière qu'un des yeux choisis soit à droite et l'autre à gauche ; un troisième, placé plus haut et en devant, continuera la tige.

Garantissez les yeux de la pluie et des gelées, au moyen d'une douve de tonneau ou d'une planche inclinée au mur et recouvrant l'arbre ; l'eau glissera sur la planche et ne séjournera pas sur la jeune tige, ce qui pourrait, la gelée survenant, en annuler les yeux.

Pour les poiriers et pommiers d'un an de greffe, ce sont les yeux latéraux que l'on a en vue pour former la base de la charpente, qui guident pour le placement de l'arbre, comme pour le pêcher.

Ce procédé s'applique également au poirier ou pommier en palmette. Pour les poiriers et pommiers de deux ou trois ans de greffe, que l'on voudrait mettre en palmette ou en espalier, on peut se servir des arbres déjà dressés pour pyramides : on fait choix de branches symétriquement placées de chaque côté de la tige, et on coupe rez-tige celles qui sont placées devant et derrière, puis on applique l'arbre au mur, placé comme il vient d'être dit.

Paillis (1). — En automne, la plantation terminée, mettez de suite au pied de vos arbres, pour les terres légères, un bon paillis d'environ 8 centimètres d'épaisseur, mais qu'il ne touche pas le corps de l'arbre, le fumier est corrosif. Ce paillis préservera les jeunes racines de la gelée. Au printemps, renouvelez le paillis, s'il en restait peu de celui de l'hiver; il maintiendra la fraîcheur : quelques arrosements au pied de l'arbre, et faits lentement et comme goutte à goutte avec un arrosoir à pomme-serrée, sur le paillis, pendant les chaleurs, compléteront les soins que réclament ces jeunes plants pendant la première année de leur existence.

On pourrait également renouveler pendant quatre ou cinq ans cette litière. On conserverait la fraîcheur et on empêcherait l'évaporation des arrosements, s'ils deviennent nécessaires.

Si vous plantez au printemps, ayez soin, ce qui est très important, de barbouiller la tige de votre arbre d'une couche de terre ou mieux d'un mélange de terre et de

(1) *Paillis*, litière d'environ 8 centimètres d'épaisseur, faite au pied des arbres nouvellement plantés, avec du fumier sortant de l'étable, et recouverte d'une légère couche de terre pour mieux conserver la fraîcheur.

fiente de vache; vous le préserverez des hâles et des ardeurs brûlantes du soleil, qui pourraient causer sa perte.

Si votre arbre porte fruit dès la première année de plantation, ce qui arrive quand on plante des greffes de trois ans, ne supprimez pas tous ses fruits, laissez-lui-en quelques-uns; vous l'arroserez pendant les sécheresses, et ses quelques fruits mûriront sans le fatiguer. On a remarqué cependant, dans les environs de Paris, que des praticiens intelligents ne laissaient porter aucun fruit à leurs arbres pendant leurs trois ou quatre premières années, les laissant bien fleurir, mais coupant ensuite avec l'ongle le pétiole de toutes les fleurs avant que le fruit ne soit noué. Ce procédé donne à leurs arbres une vigueur bien supérieure à celle de ceux qui fructifient trop tôt.

Un dernier avis. — Evitez toute culture maraîchère autour de vos jeunes arbres, et à plus forte raison n'y mettez pas des plantes élevées qui pourraient les priver d'air et les dessécher, et ayez soin d'étiqueter tous vos arbres ou de les numéroter, en reportant ces numéros sur le papier ou sur un plan du terrain de la plantation, et faisant correspondre à ces numéros le nom de chaque variété. Il vous sera agréable de savoir le nom de chacun de vos arbres, et avantageux de connaître l'époque de la maturité de leurs fruits pour les cueillir à temps et ne pas vous exposer à vouloir en jouir quand ils sont passés.

Plantez toutes espèces d'arbres dans ces bonnes conditions, et vous pourrez dire en toute vérité, avec un arboriculteur distingué : *Plus de mauvais arbres! plus de mauvais fruits!*

Réparation d'une plantation mal faite.

Vous avez des arbres mal plantés, trop enfoncés et auxquels vous voyez cependant de la vigueur, mais point ou peu de fruits. N'hésitez pas : eussent-ils, ces arbres, cinq ans, eussent-ils même quinze ans, pourvu qu'ils soient vigoureux, déplantez-les pour les replanter avec les préparatifs et les précautions que nous avons décrits.

J'avais des poiriers en pyramides qui se trouvaient trop resserrés après cinq ans de plantation ; j'en ai déplanté avec précaution de deux l'un, dix-huit sur trente-six ; ils ont été replantés ailleurs avec les soins que nous avons dits ; non-seulement ils n'ont pas souffert, mais ils se sont mis à fruit, ce qu'ils n'avaient pas encore fait, et ils forment aujourd'hui, après six ans de transplantation, de belles et fertiles pyramides. Ce problème vient de recevoir une solution plus surprenante encore, au jardin de la Société d'agriculture de la Haute-Saône, établi à Vesoul. Des poiriers pyramides, âgés de quinze ans, ont été transplantés, et n'ont nullement souffert ; ils se mettent à porter une plus grande quantité de fruits qu'ils ne le faisaient auparavant. Car, disons-le en passant, la transplantation d'un arbre est très efficace pour le mettre à fruit, par la raison que la séve étant ralentie dans son action, se porte plus à fruit qu'à bois. Disons aussi, *per transennam*, que c'est le moyen qu'on emploie pour donner au poirier la forme et la nature de fuseau, qui est destiné à porter du fruit et peu de bois : on le déplante et on le replante trois années de suite.

Mais ces opérations exigent de grandes précautions.

Pour déplanter (et non pas arracher) votre arbre déjà ancien, faites une tranchée autour à 1 mètre environ du pied, selon son âge et par conséquent l'étendue de ses racines; allez assez profond pour pouvoir travailler en dessous comme en dessus des racines; abattez ensuite la terre qui enveloppe celles-ci, vous servant d'un trident ou d'un crochet à fumier, travaillant doucement pour n'endommager aucune racine, si c'est possible; quand elles sont à découvert, inclinez un peu l'arbre pour pouvoir couper ou scier le pivot; liez les racines ensemble après avoir dégagé la terre qui les enveloppait, afin que leur poids ne les expose pas à se rompre, et transportez l'arbre à la place qui lui aura été préparée d'avance, le plantant avec les soins que nous avons décrits. C'est une erreur de lever l'arbre en motte : ceci ne se pratique que pour les arbres résineux. Comme cela s'est pratiqué pour les arbres âgés de quinze ans dont nous venons de parler, vous aurez la précaution de ne pas tailler vos arbres transplantés pendant toute l'année suivante, parce que leurs racines, endommagées ou du moins fatiguées par la transplantation, malgré les soins qu'on y aura apportés, ont besoin du secours d'une grande quantité de feuilles; celles-ci sont de véritables pompes aspirantes, qui favorisent le développement des racines, comme nous le disons dans l'exposition des principes généraux de la taille.

Remarquez, cependant, qu'on ne transplante avec profit que les arbres jeunes ou vigoureux.

Distances à mettre entre les arbres.

En général, on plante les arbres trop près les uns des autres, ce qui nuit à leur développement et à la qualité de leurs fruits, en les privant de l'air et de la lumière, qui leur sont si avantageux. Gardez donc soigneusement les distances que nous allons indiquer.

Si vous plantez dans un verger (ce qui ne se fait guère dans un potager) des poiriers ou des pommiers à haute tige ou plein vent greffés sur franc, placez-les à 8 ou 10 mètres de distance les uns des autres; et pour utiliser mieux la place, plantez en quinconce. Si c'est un sauvageon que vous plantez, placez-le dans la direction qu'il avait avant sa déplantation; plantez plus profond dans les sols légers, ne les taillez pas la première année de plantation, ne les greffez qu'après l'année révolue, parce que les feuilles des rameaux sauvages favorisent la reprise des racines.

Autour des carreaux du potager, ou dans un terrain à part, si vous plantez des poiriers sous la forme de pyramides, mettez-les à 3 ou 4 mètres en tout sens les uns des autres, et à 1 mètre 50 centimètres au moins du bord des allées. Si ces poiriers sont sous la forme de palmettes en plein air, le long d'une allée, ou en espalier au pied d'un mur, donnez-leur 4 à 5 mètres de distance. Le pêcher espalier, dirigé en éventail, exige une distance de 8 à 10 mètres. Quant aux pommiers greffés sur doucin, on les plante à 2 ou 3 mètres les uns des autres; et s'ils sont greffés sur paradis, on ne leur donne que 1 mètre 50 centimètres de distance, soit qu'on donne aux uns et aux autres la forme pyramidale ou la forme de vase. Pour les poiriers ou pommiers formés en fuseaux, on les met à la distance de 1 mètre 50 centimètres les uns des autres, s'ils forment une ligne à part, et s'ils servent à remplir un vide entre les pyramides, on les plante entre celles-ci à égale distance.

Mais, me direz-vous, si j'admets de si grandes distances entre mes arbres, j'aurai bien du terrain perdu et des vides qui dureront longtemps. Voici le moyen d'obvier à cet inconvénient : 1° Entre les arbres à hautes tiges plantés dans votre verger, vous pouvez, pendant les premières années, cultiver en mettant de l'engrais de gros légumes, comme les pommes de terre, les haricots, etc., ayant soin toutefois que ceux-ci n'aillent pas prendre les arbres pour s'en servir en place de rames ; des haricots nains devraient seuls être admis dans de semblables plantations. Mettez aussi un soin scrupuleux à ne pas bêcher le sol rapproché des arbres, pour ne pas vous exposer à endommager leurs racines.

Quand les hautes tiges s'étendront, vous convertirez en pré le sol, qui jusque-là vous aura produit des légumes.

La bêche devrait être bannie de tout terrain dans lequel ou dans le voisinage duquel se trouvent des arbres, dont les racines tracent souvent à deux ou trois mètres autour de l'arbre. Un instrument très propice est le trident recourbé, ou crochet à trois dents.

2° Entre les lignes de poiriers pyramides établies, soit en massif, soit autour d'un carreau, soit le long d'une allée, qui vous empêche de planter intermédiaires, soit des poiriers en fuseaux (*voyez la grande planche*), à deux mètres de chaque pyramide, soit des pommiers greffés sur paradis, soit des groseillers ou des rosiers à hautes tiges, qui joindraient ainsi l'agréable à l'utile!

3° Entre vos espaliers, pêchers ou poiriers, entre vos palmettes de poiriers ou de pommiers plantées en plein air (*voyez la grande planche*), faites comme pour les pyramides, plantez des pommiers sur paradis intermédiaires, tous vos vides seront remplis par d'excellents petits arbres qui vous donneront promptement de bons fruits, en attendant que vos espaliers et vos palmettes s'allongent, et que vos pyramides se développent et s'arrondissent.

Quand l'espace deviendra trop étroit, vous déplanterez pour remettre ailleurs vos petits arbres; s'il fallait les supprimer, ils ne vous auraient pas été inutiles, car ils vous auraient donné pendant dix ans du fruit qui aurait payé vingt fois leur valeur. Vous devez placer, avons-nous dit, vos pyramides à 1 mètre 50 centimètres au moins du bord des allées, et les palmettes à 75 centimètres; que mettre pour remplir ce vide? Des pommiers greffés sur paradis, qui formeront un beau cordon horizontal (et ce cordon restera), une belle chaîne de fruits autour de vos carreaux de jardin, ou le long de vos allées, marchant parallèlement à votre ligne de pyramides ou de palmettes. Vous les planterez, ces petits pommiers, à 30 ou 40 centimètres de votre allée; ils remplaceront avantageusement toute autre bordure de fraises, de buis ou de gazon. Et encore rien ne vous empêcherait de faire usage de ces bordures, le buis excepté, dont les racines multipliées et absorbantes nuiraient certainement à votre cordon. Ces petites bordures soutiennent les terres et décorent les allées (*voir la grande planche*).

On pourrait aussi planter un second cordon de pommiers tout près de la partie cultivée du potager, encadrant ainsi les arbres d'un double cordon; seulement on aurait soin de laisser une ouverture pour un passage libre, dans l'emplacement d'un fuseau qui serait supprimé, à environ 1 mètre 50 centimètres d'un angle (*voyez la grande planche*), et de ne pas mettre dans le potager des légumes qui pourraient porter trop d'ombrage.

Des murs. — Nous avons parlé de plantation d'espaliers, pêchers, poiriers, abricotiers, et, si l'on veut encore, cerisiers et pruniers. Pour des espaliers, il faut des murs de 2 à 3 mètres d'élévation; les meilleurs sont les murs de clôture ou de refend; ceux qui soutiennent des terres ne sont pas très bons, ils sont trop humides l'hiver et trop chauds l'été; cependant, moyennant quelques soins, on peut les utiliser avec profit.

Servez-vous donc de tous vos murs, n'importe l'exposition, pour planter des espaliers, vous pourrez plus aisément remédier à l'intempérie des saisons par le moyen des abris, et obtenir de bons et beaux fruits.

D'ailleurs, sans murs, point de pêchers. Nous indiquons plus bas les expositions que préfère chaque espèce d'arbres ou de fruits.

Si vous avez le plâtre à bon marché, vous ferez bien d'en enduire vos murs, ayant soin de les couvrir, pour faire tomber les eaux du côté de l'espalier, non pas sur lui, cela lui nuirait, mais un peu en avant. Pour cela, pratiquez, au sommet du mur et dans toute sa longueur, un chaperon ou petite saillie en tuile, en lave ou en zinc. de 10 à 25 centimètres, en raison de la hauteur du mur et de son exposition, ce qui est surtout nécessaire aux expositions du sud et de l'ouest, d'où viennent les grandes pluies.

Si vos murs étaient déjà couverts et que les eaux tombassent à l'opposé de la façade des espaliers, qui vous empêcherait de démolir à peu de frais la moitié du couvert dans sa longueur, pour pouvoir y placer des laves ou tuiles faisant la saillie dont nous parlons? Dans ce cas, les eaux tomberaient des deux côtés. Et si les eaux tombent déjà de votre côté avec une saillie insuffisante, ne vous est-il pas facile de la rendre suffisante en fixant en dessous un lambris de 10 à 25 centimètres sur toute la longueur du mur. Cette belle saillie est un moyen parfait pour rendre certains les heureux résultats que procurent les auvents ou abris, dont nous allons parler.

Des auvents ou *abris*. — On donne ce nom à de petits paillassons mobiles, larges de 50 centimètres et longs de 2 à 3 mètres, que l'on place au-dessus des espaliers, afin de les garantir des pluies froides et du givre pendant l'hiver et le printemps, et aussi des rayons solaires, qui sont nuisibles aux fleurs surprises par une gelée tardive. Ils sont indispensables aux pêchers et très utiles aux poiriers. On les place en décembre ou avant les fortes gelées, pour ne les retirer qu'à la fin de mai, quand les fruits sont bien noués. Ils forment un petit toit au-dessus des espaliers, reposant ou sur des morceaux de bois inclinés, scellés au mur pour cet usage, comme de petits chevrons, ou sur de petits chevalets ou triangles attachés avec des osiers, en haut et en bas, soit au fil de fer, soit aux lattes du treillage : il faut attacher solidement aussi les auvents sur les chevalets, afin que le vent ne les emporte pas.

Pour confectionner des auvents très solides et durables, prenez une petite perche (forte baguette de coudre ou d'autre essence de bois, très droite) ou une latte, étendez dessus de la paille de blé, les épis du même côté et placés près de cette perche ; appliquez une seconde perche sur la première, la paille entre les deux ; ramenez la paille en la courbant sur la seconde perche ; appliquez une troisième perche sur les deux autres pour tenir en respect la paille recourbée ; serrez ces trois perches ensemble avec du fil de fer dans les deux bouts et au milieu ; assujettissez la paille dans le bas de sa tige en la serrant fortement entre deux autres perches ; donnez à votre auvent 50 centimètres de largeur et la longueur que vous voudrez, 2 ou 3 mètres. On peut aussi se servir de lambris en sapin, mais ils sont plus dispendieux. Les faire en carton bitumé semble devoir être plus économique, ou simplement en paille, au moyen de lattes jointes ensemble et serrant la paille assez épaisse par des pointes ou des vis à bois. La paille étant bien coupée, ces sortes d'auvents sont très élégants et très solides.

Si les gelées sont à redouter à l'époque de la floraison, les auvents ne suffiraient pas, ajoutez-y des paillassons cousus à la ficelle, ou de grosses toiles ; vous les placerez en avant des arbres, le long de rames ou de perches appuyées au mur, et vous garantirez l'arbre dans toute sa hauteur; vous aurez soin de les relever pendant le jour, lorsque la température est radoucie.

En les laissant trop longtemps sans donner de l'air à vos arbres, vous exposeriez les fleurs à s'étioler et à tomber. Si elles avaient été surprises par la gelée, couvrez-les pendant trois heures pour les mettre à l'abri des premiers rayons du soleil.

Nous recommandons beaucoup les abris. Outre qu'avec eux les récoltes sont assurées, ils conviennent aussi comme préservatifs contre plusieurs maladies, entre autres contre le cloque, et sont un moyen de tempérer la vigueur des branches supérieures en les privant en partie de l'influence directe de la lumière, ce qui peut servir à maintenir l'équilibre entre les diverses parties de l'arbre. L'on peut et il convient aussi d'abriter les arbres qui se trouvent en plein air, du moins les plus beaux, ceux qui promettent les meilleurs fruits et en plus grande quantité, une pyramide, une palmette, un fuseau. Pour cela, vous avez deux manières : fixez sur les branches, aussitôt après la taille, de petites poignées de fougère sèche garnie de ses feuilles, ou de la paille, de façon que chaque branche soit abritée dans toute sa longueur.

On enlève cet abri vers le milieu ou la fin de mai.

Un autre procédé, ce serait de dresser de petites perches contre l'arbre en les liant à la tige, et de jeter dessus une grosse toile qui formera capuchon et garantira les arbres. La gelée est un givre qui vient d'en-haut; elle ne vient ni de côté ni du bas. On pourrait ne pas abriter d'avance; seulement, après une gelée survenue à l'aube du jour, on jetterait sur ses arbres une toile quelconque qu'on y laisserait pendant quelques heures; cette précaution suffit pour soustraire les fleurs à l'action des premiers rayons du soleil, plus dangereux que l'action de la gelée.

Les amateurs, qui ne regardent pas à la dépense, emploient aujourd'hui une sorte d'abri qui a les plus heureux résultats. Ils tendent, par précaution, depuis le mois de février jusqu'à la fin de mai, en remplacement des auvents, au-dessus des espaliers et jusqu'à 2 mètres en avant, une toile claire dite de tapisserie, dont on se sert pour coller les papiers peints Le prix de cette toile est de 25 centimes le mètre carré, et de 1 franc si elle est passée à l'huile de lin ou à l'écorce de tannerie. Ce procédé peut servir aussi à abriter les arbres en plein air, n'importe sous quelle forme ils soient élevés.

Ces sortes d'abris, comme les auvents, préviennent bien des accidents; ils empêchent le rayonnement et la perte du calorique des arbres, attiré par un ciel pur; et cette perte occasionne un refroidissement dans l'arbre, qui se trouve par là plus sensible à la gelée.

Un autre préservatif bien simple serait celui-ci : On a remarqué que les fleurs des arbres plantés le long des routes résistaient facilement à la gelée, et cela parce qu'elles étaient couvertes de la poussière de la route, soulevée par les voitures et le piétinement des chevaux; on en a conclu qu'un préservatif facile serait de jeter à pleines mains sur les arbres fleuris, à l'époque des gelées tardives, une poussière quelconque, de la terre très sèche, de la cendre, sciure de bois, poussière de céréales, etc. Ce moyen si simple, sanctionné par une heureuse expérience de plusieurs années, est un abri suffisant pour conserver le pollen, en couvrant la partie supérieure des anthères, et faire réussir le fruit.

Ces soins peuvent paraître minutieux; cependant ils donneront au jardinier qui n'hésitera pas à les prendre la satisfaction d'assurer complétement ses récoltes, qu'une seule nuit souvent lui enlève. Il est utile aussi de purger les jeunes fruits qui commencent à nouer des restes de fleurs et des toiles d'araignée qui souvent renferment des vers.

Des treillages. — On peut les construire de différentes manières: la plus simple et la plus économique est de tendre un fil de fer à 30 centimètres du sol dans toute la longueur du mur; on en place un second à 70 centimètres du premier, puis un troisième à égale distance du second, et un quatrième, s'il est nécessaire: on les munit au milieu de petits raidisseurs pour les tendre à volonté et les tenir toujours très tendus; ils sont tenus au mur à 10 centimètres ou un peu moins d'écartement, par des fiches en fer scellées de distance en distance et munies d'un trou où passe le fil de fer. Ce mode, outre son économie, a encore l'avantage sur les traverses en bois fixées au mur, d'empêcher les insectes de se multiplier et de venir dévorer les arbres, puisqu'on peut facilement tenir les murs très propres. On attache au fil de fer des baguettes ou des lattes avec de très fin fil de fer; ces baguettes sont placées verticalement à 20 ou 25 centimètres les unes des autres, si c'est pour un poirier. Pour le pêcher, chez lequel la petite branche a besoin d'être soigneusement attachée, 15 centimètres d'écartement entre les lattes ou baguettes ne seront pas trop faibles. A mesure que vos espaliers s'étendront, vous appliquerez au mur de nouvelles lattes. — Ceci s'applique aux pêchers soumis à la taille dite ancienne ou longue ; pour ceux qui reçoivent la taille à la Quintinie, les palissages sont bien plus simples, comme nous le dirons en traitant de ce mode de taille.

Les raidisseurs livrés maintenant au commerce se trouvent chez tous les principaux marchands de fer : il y en a sous plusieurs formes ; une clef nécessaire pour les tendre doit les accompagner. Leur prix varie entre 20, 25 et 30 centimes la pièce. Nous signalons un genre de raidisseur qui depuis plusieurs années est en usage au séminaire de Vesoul ; il est d'un prix très modique : le commerce le livre à 3 fr. 50 cent. le cent. C'est une petite broche en fer passée dans un poteau, dans lequel elle peut tourner facilement : en devant passe le fil de fer dans un trou pratiqué dans la broche, en arrière se trouve une goupille, passée dans la broche, qui sert à arrêter celle-ci au moyen d'une pointe fixée au poteau. On enlève la goupille, une clef fait faire un tour à la broche, le fil de fer est tendu, et on replace la goupille. Ce moyen pour tendre les fils de fer est sans doute des plus simples et des plus économiques ; mais nous regrettons qu'il ne puisse servir pour les treillages appliqués contre un mur, puisqu'il lui faut un poteau isolé et en plein air. Il rendra des services sérieux aux cultivateurs qui prendront le parti très économique de substituer, pour le palissage de leurs vignes, les fils de fer aux perches et aux échalas.

Un moyen plus simple encore, ce serait de se passer de raidisseurs : après avoir arrêté solidement, à une des extrémités du treillage, le fil de fer, on le tendrait fortement avec des tenailles à l'autre extrémité et on l'y accrocherait à une pointe plantée dans une latte placée là verticalement : pour le tendre de nouveau, on le décroche, on le tire, et une pointe placée à quelques centimètres plus bas que la première sert à l'arrêter. Je me trouve très bien de ce procédé, employé depuis plusieurs années.

On a aussi la ressource d'une longue vis à bois plantée dans un poteau, autour de laquelle le fil de fer est enroulé. On a besoin de tendre de nouveau ; on fait faire un tour à la vis.

CHAPITRE II.

PRINCIPES GÉNÉRAUX DE LA TAILLE.

Exposons nos quatre principes, qui sont, à eux seuls, l'arboriculture tout entière.

1er *principe*. C'est l'air et la lumière qui font fructifier un arbre ; disposez donc la charpente symétrique de votre arbre de façon que ces deux principes de végétation le visitent dans toutes ses parties. Ne le laissez pas comme un buisson épais, vrai *fouillis*, qui ne vous donnera pas de fruits, ou qui ne vous donnera que quelques fruits de mauvaise qualité. Espacez ses branches de façon qu'il y ait de 20 à 30 centimètres de distance entre elles, pour celles qui sont superposées les unes au-dessus des autres.

2e *principe*, qui découle du premier. Que votre arbre, n'importe sous quelle forme il soit élevé, n'ait de bois que celui qui est nécessaire à former sa charpente. C'est une pyramide; elle a ses branches charpentières telles que la nature les lui a données, en semant le long et autour de sa tige les yeux à bois qui doivent les produire ; seulement, l'attention de l'arboriculteur doit se porter à ne laisser pousser aucun bourgeon dans l'espace de 20 ou

30 centimètres qui sépare le sol de la branche la plus inférieure, comme aussi à supprimer tout rameau qui se produirait dans l'espace de 20 ou 30 centimètres qui sépare une branche inférieure de celle qui se trouve verticalement au-dessus. Pour la même raison, on ne doit laisser pousser qu'une branche d'un même point, pour qu'elle ait plus de vigueur; en laisser deux, elles seront faibles toutes les deux, et la charpente se trouvera défectueuse.

C'est une palmette, espalier ou contre-espalier; elle doit avoir un bras de chaque côté à 20 ou 30 centimètres du sol, un second étage à 25 ou 30 centimètres du premier, un troisième à égale distance du second, ainsi de suite : tout bourgeon qui se montre en avant et en arrière de la tige, comme aussi dans l'espace de 20 ou 30 centimètres qui sépare le premier étage du sol et les étages entre eux, doit être supprimé. Ces suppressions se font avec un instrument tranchant, quand ces bourgeons inutiles ont 10 ou 12 centimètres de longueur.

Ces espaces de 25 ou 30 centimètres entre les branches de charpente doivent s'observer pour la formation d'un arbre, soit qu'il soit à haute tige, ou en cylindre, ou en gobelet.

3e *principe.* Que toutes les branches de charpente de votre arbre ne soient garnies d'un bout à l'autre que de productions fruitières, qui sont au nombre de quatre : *Le bouton à fleurs* qui s'épanouira au printemps suivant, ou le petit bouton accompagné d'une rosette de deux ou trois feuilles, qui a besoin encore de la végétation d'une année pour compléter sa rosette de 5 à 6 feuilles, se gonfler et s'épanouir. *Le dard*, qui a en longueur depuis 1 jusqu'à 5 et 8 centimètres, et qui offre la figure d'un javelot. Il lui faut souvent plusieurs années pour donner du fruit. On ne le taille pas; s'il y en a plusieurs sur le même point, on ne doit en laisser qu'un. *La brindille*, petit rameau grêle et flexible, de 10 à 15 centimètres de longueur; elle est une des premières ressources pour la fructification. On la met facilement à fruit en cassant son extrémité. Faisons remarquer en passant que ce ne sont que les rameaux faibles qui se mettent à fruit aisément, tandis que les vigoureux ne donnent ordinairement que du bois; de là les soins que nous indiquons au chapitre IV pour obtenir du fruit. *La bourse*, qui est le point où étaient attachés les fruits ou les fleurs: c'est un petit corps charnu, tendre, et ayant plusieurs yeux à sa circonférence, précieux réservoir de fruits pour de longues années; on peut cependant quelquefois lui faire donner du bois au besoin.

Au milieu de ces quatre différentes productions fruitières, tout bourgeon qui se produit, tendant à dépasser une longueur de 10 centimètres, doit être pincé et traité comme nous l'indiquons au chapitre IV.

4e *principe*. Il concerne la taille. *En général*, ne supprimez au printemps que le tiers du prolongement ou de la pousse de l'année précédente. Vous formez une pyramide; cette suppression du tiers de la pousse doit se faire sur toutes les branches inférieures chaque année jusqu'à la formation complète de l'arbre; quant aux branches supérieures, leur retrancher le tiers seulement de la pousse de l'été précédent ne suffirait pas; la forme de cône que doit avoir la pyramide guidera pour la longueur à observer dans les suppressions faites par la taille aux branches de charpente à chaque printemps. De même, vous formez une palmette ; il faut que la taille ne lui enlève que le tiers de la pousse de l'été précédent pour l'étage le plus rapproché du sol ; la forme de triangle imposée à l'arbre élevé en palmette réglera la taille des étages supérieurs.

Pour toutes les autres formes, hautes tiges, gobelets ou entonnoirs, le principe conserve toute sa force : ne supprimez, au printemps, sur toutes les branches de charpente, que le tiers de la pousse de l'année précédente, jusqu'à parfaite formation.

Ç'a donc été un grand contre-sens ce qu'on a fait jusqu'ici : on a taillé court toutes les branches mères d'un arbre, au lieu de leur laisser les deux tiers de leur prolongement produit l'été précédent, on n'a laissé à ce prolongement que quelques centimètres de longueur : aussi la séve, restreinte dans des limites trop étroites, a fait partir en rameaux vigoureux tous les boutons à bois, surtout ceux voisins de la coupe ; boutons qui se seraient mis facilement à fruit si l'on avait taillé long. De là on a eu du bois, et chaque année du bois en abondance, mais point ou peu de fruit, tandis que la taille bien entendue permet d'imposer aux arbres une forme en rapport avec la place qu'on veut leur faire occuper, détermine une sage et égale répartition de la séve, fait que chacune des branches principales reste garnie de productions fruitières dans toute son étendue. La taille bien faite offre encore cet avantage à un arbre, qu'elle détermine la production de fruits plus volumineux et de meilleure qualité, parce qu'une partie notable des fluides nourriciers qui auraient alimenté les parties supprimées tourne au profit des fruits que l'on a conservés. La taille s'entend de celle d'été comme de celle d'hiver ; celle-ci serait nuisible aux arbres en ce qu'elle appelle la séve à l'œil de la coupe et tend à dénuder les parties inférieures des branches charpentières ; il est donc de toute nécessité d'y remédier par les tailles d'été. Les moyens sont indiqués au chapitre IV.

J'ai dit qu'*en général* on ne devait supprimer au printemps que le tiers de la pousse de l'été précédent : ce principe admet néanmoins quelques modifications. C'est dans le cas où une séve capricieuse quitterait un côté de l'arbre pour en favoriser un autre.

Un premier moyen de remédier au mal, c'est de *tailler très court les rameaux de la partie forte*, et *long ceux de la partie faible*. Comme il est connu que la séve est attirée par les feuilles, les rameaux taillés court auront moins de feuilles, et par conséquent moins de séve, la végétation sera donc diminuée dans cette partie ; tandis que les faibles rameaux, ayant été taillés long, émettront un plus grand nombre de feuilles et se couvriront d'une végétation plus abondante ; ce qui, à la longue, rétablira l'équilibre.

Un deuxième moyen, c'est d'*incliner la partie forte* et de *redresser la partie faible*. La direction verticale imprimée aux rameaux faibles y attirera la séve en plus grande abondance, leurs bourgeons pousseront avec plus de force, et les feuilles nombreuses qu'ils développeront continueront pendant l'été d'attirer la séve au détriment des rameaux forts qui auront été inclinés.

Un troisième moyen, ce serait de *pratiquer le pincement de très bonne heure sur la partie forte, et sur la partie faible le plus tard possible, ou même pas du tout.* Le pincement ayant pour effet de diminuer la végétation dans les parties où il est pratiqué, les bourgeons non pincés continueront d'appeler la séve dans la branche qui les porte.

On peut employer ces différents moyens successivement jusqu'à ce que l'équilibre soit rétabli.

Vous avez besoin de rameaux à bois pour prolongement, taillez court : c'est le procédé employé pour un arbre épuisé par la production trop considérable de fruits ; on rétablit sa vigueur en le taillant court pendant un an.

Vous voulez faire développer des boutons à fleurs sur un rameau rebelle ou qui doit être supprimé plus tard, inclinez-le, ou faites-lui une incision annulaire ; car plus la séve est entravée dans sa circulation, plus elle produit de boutons à fleurs.

Vous voulez, au contraire, convertir un rameau à fruit en rameau à bois, redressez-le, ou taillez-le court, pour concentrer toute l'action de la séve sur un ou deux boutons.

Ajoutons à ces principes quelques détails sur diverses opérations complémentaires de la taille, détails qui guideront dans l'occasion et qui dispenseront de bien des redites.

L'expression : *Rabattre une branche sur sa couronne*, signifie laisser à la couronne ou naissance de la branche qu'on retranche l'épaisseur d'une pièce de cinq francs au moins; parce que c'est de là que naîtront les nouvelles productions destinées à remplacer celles qu'on aura supprimées. Ces productions naissent des deux *sous-yeux* ou boutons stipulaires, qui sont de petits points peu saillants dans une petite cavité de chaque côté de la base du rameau, et à moitié recouverts par l'épiderme. On se sert aussi de l'expression : *Tailler sur les sous-yeux*. Les avantages de cette opération sont grands : pratiquée au printemps, vers le sommet d'un arbre, elle y diminue l'aspiration de la séve, qui tend toujours à monter, et la refoule dans les parties inférieures, pour disposer les yeux à s'y développer avec plus de force pendant la végétation. Faite sur les branches qui ont un trop fort empattement, cette opération rétablit l'équilibre de la séve dans un arbre.

L'*entaille* ou *cran* se pratique avec la petite scie de préférence, si le bois n'est pas trop jeune, parce que l'incision se recouvre plus lentement, à 3 ou 4 millimètres au plus au-dessus de l'œil que l'on veut faire développer, en enlevant l'écorce et une partie d'aubier ou de la pellicule qui se trouve sous l'écorce, sur une largeur et une profondeur qui varient de 2 à 4 millimètres, selon l'âge et la force du bois sur lequel on opère, c'est-à-dire qu'elle doit être plus sérieuse sur du bois âgé, volumineux, que sur du bois de l'année ou qui est mince. En pénétrant jusque dans la couche du bois la plus extérieure, l'entaille coupe les vaisseaux séveux qui passent sur ce côté de la tige, et force la séve à agir sur le développement du rameau. De même que l'on dirige, par une irrigation intelligente, de l'eau dans toutes les parties d'un pré au moyen d'une rigole ou artère principale, le long de laquelle une multitude de petites rigoles, comme autant de veines, viennent puiser cette eau pour la distribuer sur toute la superficie du terrain, ainsi la séve passe et circule du corps d'un arbre dans toutes les parties de ses branches, qui en sont comme les veines. Vous avez besoin d'eau pour arroser une partie de votre pré qui est négligée ; vous mettez une motte dans la petite rigole, et l'eau se répand à droite et à gauche ; c'est l'entaille au-dessus d'un œil que la séve aurait pu négliger; il partira nécessairement, parce que la séve sera forcée d'y arriver. Mais, dans la rigole de votre pré, le courant d'eau est rapide, une motte ne suffirait pas, elle pourrait être entraînée; vous la doublez, vous formez une petite digue en demi-cercle, et l'eau arrêtée visitera et fécondera tout ce qui avoisine votre digue : c'est la double entaille formée comme un Λ renversé au-dessus d'un œil ou au-dessus des deux sous-yeux destinés à remplacer un rameau trop vigoureux qu'on a coupé et qui était peu en rapport avec le reste de la charpente.

Vous n'avez plus besoin d'eau dans telle partie de votre pré, vous avez recours à la motte ou à la petite digue pour l'arrêter : c'est l'entaille simple ou double en V non renversé que vous pratiquez en dessous à l'empattement d'une branche ou d'un rameau trop fort comparativement aux autres branches charpentières. Toutes ces entailles ayant été faites à l'époque voulue, en février ou en mars, on en verra les heureux résultats pendant l'été suivant; et, si leur effet n'avait pas été suffisant pendant ce premier été, on les renouvellerait, en les rafraîchissant au printemps suivant. Par suite de l'entaille en dessous dans le dernier cas cité, on verra la séve abandonner le rameau trop fort pour aller nourrir les faibles qui l'avoisinent, pendant tout le cours de la végétation de cette première année. Continuons l'application de notre comparaison. Vous n'avez plus besoin d'eau à l'extrémité de 3 ou 4 petites rigoles; si elle continuait d'y arriver, elle noierait les plantes qui s'y trouvent : vous mettez une motte aujourd'hui dans une, demain dans une autre rigole, et ainsi de suite; vous n'étanchez pas tout à la fois, de crainte que l'eau arrêtée subitement ne reflue trop et n'aille noyer d'autres parties. Voilà le pincement, qui consiste à retrancher deux ou trois centimètres de l'extrémité herbacée d'un bourgeon que l'on veut arrêter, en la tordant entre l'index et le pouce, ou en la coupant avec l'ongle.

L'*incision transversale*, diminutif de l'entaille, interrompt les canaux de la séve, sans enlever de bois. On la pratique sur les branches d'un diamètre trop faible pour supporter l'entaille. Elle convient parfaitement pour le pêcher, et pour faire développer les yeux voisins de l'empattement d'un rameau, aussi pour les boutons voisins de la base du prolongement de la flèche ou d'une branche de charpente d'un arbre à pépins, si surtout on a taillé long ces prolongements : sans l'incision, ces yeux éloignés du sommet pourraient bien rester endormis.

L'*incision longitudinale* se pratique quand on voit une écorce lisse et luisante qui s'endurcit et qui comprime les canaux de la séve, empêchant celle-ci de faire prendre aux branches tout l'accroissement dont elles sont susceptibles. On se sert de la pointe de la serpette, avec laquelle on incise du haut en bas légèrement l'écorce pour la dilater, en pénétrant jusqu'à l'aubier, mais sans toucher ce dernier. Il faut y aller si légèrement que l'incision soit presque invisible. On peut les multiplier, en laissant entre elles un intervalle d'un centimètre à peu près. Elles font prendre plus de grosseur aux parties incisées; elles ont lieu surtout au printemps; mais on peut en faire usage aussi pendant tout le cours de la végétation. Elles sont très utiles au pêcher, pour le préserver de la gomme ou le guérir de cette maladie : dans ce cas, elles sont plus ménagées et moins profondes. Cette incision se fait spécialement sur le côté de l'arbre qui est tourné au midi.

L'*incision annulaire* consiste à enlever, au commencement de la séve, lorsque les feuilles de l'arbre commenceront à pousser, un anneau d'écorce où cela est nécessaire : cette incision doit se faire tout autour du corps de l'arbre et doit pénétrer jusqu'à l'*aubier;* elle ne doit jamais dépasser un centimètre en largeur, et si l'arbre n'avait, là où vous faites l'incision, que 4 ou 5 centimètres de diamètre, ne la faites que d'un demi-centimètre de largeur. Nous indiquons ces précautions, parce qu'il est nécessaire que la plaie formée par l'incision soit toujours recouverte pour le mois de septembre, c'est-à-dire à la fin de la végétation. Servez-vous, pour cette opération, d'une serpette ou de tout autre instrument tranchant, et n'oubliez pas qu'elle ne se pratique jamais que sur des arbres jeunes et vigoureux; elle serait funeste à des sujets faibles ou qui auraient déjà un certain âge. L'incision annulaire, dont la pratique n'est pas d'aujourd'hui, mais remonte à des temps reculés, a pour résultat deux effets qu'une expérience répétée bien des fois par d'intelligents praticiens a rendus incontestables. Son premier effet certain est de faire pousser des branches immédiatement au-dessous du point où elle a été pratiquée : la cause en est sans doute que la séve ascendante, arrêtée par l'incision, se fait jour au travers de l'écorce et donne naissance à ces nouveaux bourgeons. Cette opération peut se répéter différentes fois sur le même arbre, trois ou quatre années de suite, non au même endroit, mais où le besoin l'exige : ce qui a lieu avantageusement sur le fuseau. Le second effet produit simultanément avec le premier par l'incision annulaire, est de mettre à fruit toutes les parties de l'arbre supérieures à l'incision. J'ai vu un jeune fuseau, âgé de 3 ou 4 ans, qui avait reçu l'incision à égale distance de sa base et de son sommet : toute la partie supérieure à l'incision était on ne peut plus chargée de boutons à fleurs, tandis que le bas n'en avait pas un, mais seulement des rameaux passablement vigoureux. Cherchons la raison de cette différence. Nous sommes forcé d'admettre, avec les praticiens les plus distingués, une seule séve dans un arbre, mais qui subit diverses modifications : elle monte, liquide et abondante, partant des racines, destinée qu'elle est à la formation des branches; qu'elle monte par les pores du bois ou seulement entre l'écorce et le bois, peu importe la controverse : cette séve subit dans les feuilles, comme dans autant de petits estomacs, un travail activé par les gaz atmosphériques; ceux-ci l'ont coagulée et changée en cambium : cette séve, dis-je, descendant entre l'écorce de l'arbre et son bois, travaille à gonfler et à mettre à fruits tous les boutons à bois qu'elle visite.

Admettons forcément que cette séve descend entre l'écorce et le bois de l'arbre, puisqu'il est remarquable que la partie supérieure à l'incision éprouve un renflement considérable et devient plus grosse que la partie inférieure; que la cicatrice se forme par la croissance du bourrelet de haut en bas, et jamais de bas en haut; le tout sans que les branches ou brindilles de la partie supérieure prennent une croissance marquée en proportion avec ce renflement de la tige. Nous devrons donc admettre que le cambium, ou séve coagulée qui seule produit des boutons à fleurs, arrêté par l'incision annulaire, ne pourra descendre plus bas et ne travaillera au profit des fruits, pendant tout le temps de la végétation, que dans la partie supérieure à l'incision. L'incision annulaire est aussi très utile pour déterminer à se mettre à fruit des variétés rebelles, poiriers, pommiers, même en espalier; elle peut se pratiquer sur une ou plusieurs branches d'un arbre, à quelques centimètres de leur naissance; dans ce cas l'on doit lui donner peu de largeur, un demi-centimètre serait suffisant. Des praticiens en font usage même sur des pêchers et abricotiers, sans que la gomme vienne leur nuire. Cependant nous conseillons d'être très sobres pour cette sorte d'incision, spécialement à l'égard des arbres à fruits à noyau.

Epoques convenables pour pratiquer la taille.

La taille d'hiver varie selon les climats ; cependant pour nos contrées on peut dire que le moment favorable est le mois de février jusqu'au 15 mars. Pratiquée plus tôt, la taille expose la coupe du rameau à l'influence des gelées et de l'humidité, ce qui peut détruire le bouton terminal voisin de la coupe. Faite plus tard, il y a perte de séve par suite de la suppression des rameaux où elle s'était déjà répandue. Et puis, en taillant tard, on peut endommager et briser un grand nombre de boutons à bois ou à fleur.

La taille en février est surtout très avantageuse au pêcher, pour amener le développement des boutons situés à la base des rameaux à fruit, qui souvent restent endormis faute d'une action suffisante de la séve.

Une taille tardive n'est utile que pour les arbres vigoureux, mais rebelles, qui se décident difficilement à se mettre à fruit. Une partie de l'action de la séve ayant été dépensée au profit des rameaux inutiles qu'on supprime, elle agira avec moins de force sur les boutons réservés, qui pour cela prendront plus facilement le caractère de rameaux à fruit.

Si vous avez beaucoup d'arbres à tailler et que vous craigniez de vous trouver en retard, devancez un peu le moment fixé, en suivant, pour tailler les différentes espèces, l'ordre de leur précocité. Ainsi, taillez d'abord les abricotiers, puis les pêchers, les pruniers, les cerisiers, les poiriers en commençant par les fruits d'été, ensuite d'automne, etc., et vous finirez par les pommiers.

Quant à la taille d'été, elle se pratique pendant la végétation; mais le moment précis est déterminé par l'état de la végétation des parties de l'arbre qui doivent recevoir ces opérations.

L'instrument le plus convenable pour la taille est la serpette. Quant au sécateur, ne vous en servez jamais : il écrase le bois au point que l'écorce s'en détache et que le bout du rameau ainsi mutilé se dessèche au lieu de se cicatriser; ce qui très souvent détermine la perte du bouton terminal sur lequel on comptait pour prolonger la branche. Si la branche à supprimer est forte, on se sert d'une petite scie à main; mais alors on doit aplanir la plaie avec la serpette pour qu'elle puisse se cicatriser. Si les plaies étaient un peu étendues, il est bon de les recouvrir de cire à greffer.

Pour pratiquer la taille convenablement, on doit faire l'amputation le plus près possible d'un bouton, mais sans endommager celui-ci. Pour cela, placez la lame de la serpette du côté opposé au bouton et à la hauteur du point où il est né, puis coupez de manière à former une plaie presque ronde ou du moins en biseau très peu allongé, dont le sommet se termine à l'extrémité du bouton. Tailler plus au-dessus du bouton, c'est préparer un chicot sec, qu'il faudra enlever l'année suivante. Tailler trop bas, c'est éventer le bouton et compromettre son développement. Ceci se pratique quelquefois sur un bouton d'un rameau trop vigoureux que l'on se propose d'affaiblir. Ne placez jamais la main gauche au-dessus du point où vous donnez le coup de serpette, pour ne pas vous blesser.

CHAPITRE III.

DE LA FORME A DONNER AUX ARBRES.

Du moment où vous plantez un arbre que vous voulez soumettre à une forme quelconque, sa taille et sa direction doivent être raisonnées, car abandonner un arbre à lui-même après sa plantation, à moins qu'on n'en veuille faire un arbre à haute tige, cet arbre ne serait bientôt qu'un buisson informe privé d'air, de lumière et de bons fruits. Mais, quelle que soit la forme que vous admettiez pour un arbre, n'oubliez jamais qu'il ne doit avoir que le bois nécessaire à la formation de sa charpente, et que par conséquent vous devez supprimer, par l'ébourgeonnement et le pincement, tout bois inutile à la charpente, tous les gourmands qui pourraient la désorganiser. Ne perdez jamais de vue non plus que la charpente elle-même ne doit être garnie dans toute sa longueur que de productions fruitières. Voilà deux principes dont vous ne devez jamais vous départir.

D'après le principe que la lumière et l'air aident puissamment au développement et à la fructification des arbres, procédez donc, dès leur jeunesse, à leur formation, de façon que ces deux éléments, l'air et la lumière, puissent toujours les visiter dans toutes leurs parties.

Nous parlerons de toutes les formes les plus usitées et les plus avantageuses sous lesquelles on peut élever un arbre, disant seulement un mot de quelques formes de fantaisie.

ARTICLE 1er.

Arbres à haute tige ou plein-vent.

Cette forme est applicable à toutes les essences; cependant, sous notre climat, le pêcher est peu cultivé avantageusement de cette manière. Les arbres traités ainsi ne se placent guère que dans les vergers ou le long d'un chemin pour bordure; ils ne prennent leurs branches que sur un tronc greffé sur franc, élevé de 2 mètres environ.

La taille, pour l'arbre à haute tige, consiste à ne lui laisser, pour former sa tête, que trois ou rarement quatre branches des plus belles et des mieux placées; à les tailler la première année même avant de planter, pour les arbres à pépins, poiriers et pommiers, à la longueur environ de 10 à 20 centimètres, suivant la force du bois. Nous disons : *les arbres à pépins*, parce que parmi ceux à noyau, il en est qui exigent une taille plus longue, d'autres plus courte.

Ainsi, le cerisier se taille beaucoup plus long; c'est celui de tous les arbres fruitiers qui demande à être le plus allongé; on peut aller, selon sa vigueur, jusqu'à 30 centimètres, et peut-être davantage. L'abricotier, au contraire, demande une taille très courte; on doit rabattre chaque branche ou rameau très près de son insertion, parce qu'il en résulte des bourgeons très vigoureux, sur lesquels on allonge beaucoup la taille l'année suivante, pour en former la nouvelle charpente. Le prunier demande à être taillé presque aussi court que l'abricotier.

Nous ferons observer que les arbres à haute tige ne se taillent que les quatre ou cinq premières années, pendant lesquelles on s'appliquera à leur donner approximativement autant que possible la forme d'un gobelet ou entonnoir, et à maintenir l'équilibre entre les branches conservées; après quoi on les abandonne à eux-mêmes, si toutefois on en excepte les branches intérieures mal placées ou faisant confusion, qu'on aura toujours la prévoyance de supprimer, de même qu'on devra toujours raccourcir celles qui, étant inutiles, prendraient trop de force. Cependant l'abricotier fait exception à cette règle, car il exige que tous les ans ses branches charpentières soient raccourcies, selon leur vigueur, pour concentrer la séve; sans quoi elles se dénuderaient de productions fruitières à la base et ne produiraient qu'aux extrémités. Il serait aussi très utile de pincer, non-seulement l'extrémité des bourgeons qui naîtraient autour de ces branches, quand ils auraient la longueur de 15 ou 20 centimètres, mais encore le bourgeon de prolongement lui-même de chaque branche charpentière, lorsqu'il aurait atteint 20 ou 25 centimètres, afin d'exciter vers sa base le développement de bourgeons anticipés qui produiront fruit l'année suivante, et qu'il faudra raccourcir beaucoup, lors de la taille, sans quoi ils seraient sujets à périr. La taille de l'abricotier à haute tige présente un autre avantage, c'est de faire produire de plus beaux fruits, avantage commun, du reste, à tous les arbres qui y sont soumis.

Pour votre plantation d'arbres à hautes tiges, ou vous les greffez vous-même un an après leur plantation à demeure, ou vous aimez mieux les acheter tout greffés. Dans le premier cas, pour former votre arbre, vous ne laisserez développer sur la greffe, pendant l'été qui suivra l'opération, que trois ou quatre bourgeons également distribués autour de la tige; vous pincerez les bourgeons superflus quand ils auront atteint 10 centimètres de longueur, pinçant aussi ceux des bourgeons conservés qui s'allongeraient beaucoup plus que les autres. Si vous désirez avoir une tige bien formée et régulière, au printemps suivant vous raccourcissez vos trois rameaux conservés à 20 centimètres environ de leur naissance (suivant la nature de l'arbre, comme nous venons de le dire), au-dessus de deux boutons placés de chaque côté, et qui devront seuls, pendant l'été qui suit, se développer vigoureusement.

Pincez tous les autres à 10 centimètres, et continuez de maintenir une égale vigueur entre les six bourgeons choisis, en pinçant ceux qui voudraient trop dépasser les autres. Au printemps suivant, taillez les six rameaux que doit avoir votre arbre de façon qu'après la taille ils aient chacun environ 40 centimètres de longueur : on coupe au-dessus de deux boutons placés de chaque côté, ils produiront chacun un rameau, et l'année suivante votre arbre sera formé, portant une tête composée de douze rameaux distribués régulièrement autour de la tige. Supprimez par le pincement et l'ébourgeonnement tous les bourgeons inutiles et tous les gourmands qui naîtraient à la base et à l'intérieur des branches principales. Quant aux rameaux à fruits, abandonnez-en la formation et l'entretien à la nature.

Si, au lieu de greffer vous-même vos arbres après leur plantation à demeure, vous préférez les acheter tout greffés, choisissez-les âgés d'un an ou deux de greffe, et pourvus d'au moins deux rameaux principaux bien placés, pour servir de base à votre charpente. Après la plantation, vous couperez seulement le tiers de la longueur de tous les rameaux. Ce ne sera qu'au printemps de l'année suivante que vous appliquerez la première taille, consistant, comme nous l'avons indiqué pour l'arbre greffé sur place, dans la suppression des branches inutiles et dans le raccourcissement de celles conservées pour amener leur bifurcation. On pourrait aussi former un plein-vent comme on forme une pyramide, et en faire une pyramide à haute tige.

L'arbre à haute tige exige un tuteur pour se soutenir dans son enfance contre l'action des vents. La façon la plus convenable d'appliquer à l'arbre son tuteur, c'est de planter solidement un fort piquet en chêne, à 1 mètre environ du pied de l'arbre; à cette distance il ne nuira pas aux racines; on le plante incliné contre l'arbre, de manière à pouvoir attacher celui-ci solidement à son tuteur, le serrant avec des osiers entremêlés de paille, afin que l'arbre ne touche ni les liens ni son tuteur. Surveillez, pour que rien ne se desserre par suite de l'action des vents, et que votre arbre ne soit pas exposé à recevoir quelque plaie.

Restauration des hautes tiges mal formées.

D'après les principes énoncés plus haut, coupez dans les arbres en plein vent tout ce qui y ferait confusion, enlevez-en le bois sec et les gourmands, de manière à leur donner la forme d'un entonnoir. S'il y avait cependant trop à enlever, il ne conviendrait pas de faire l'opération complète la même année; on y irait progressivement deux ou trois années de suite. Il conviendrait d'enduire chaque plaie, bien rafraîchie à la serpette, d'onguent de Saint-Fiacre (1) ou de cire à greffer chaude ou froide. Cette opération rendra de la vie à vos arbres et de la qualité à leurs fruits.

L'époque favorable pour cette opération est le temps où la séve est arrêtée, l'hiver ou seulement en février; mais ne manquez pas de cicatriser les plaies. Pour compléter la restauration, enlevez avec soin la mousse des branches et les écailles d'écorces du tronc; si vous rencontrez quelques chancres, enlevez avec la serpette jusqu'au vif les parties attaquées, et recouvrez la plaie avec onguent ou cire à greffer. Enduire d'eau de chaux le tronc de l'arbre et les grosses branches à leur naissance est aussi un excellent remède.

(1) *Onguent de saint Fiacre.* Sa composition : Prenez deux tiers de terre un peu argileuse et un tiers de fiente de vache; broyez ensemble ces deux parties : enveloppez d'un linge ou de toute autre chose sur la plaie ce mastic, pour le maintenir tout le temps nécessaire.

Pommiers.

Tous les pommiers vont bien à haute tige; cependant cette forme convient plus spécialement à quelques variétés qui unissent à un bois généreux une très grande fertilité et des pédoncules qui tiennent fortement aux rameaux, afin d'éviter la chute prématurée des fruits. (*Voir*, pour ces variétés, le *Catalogue général.*)

Abricotiers.

La haute tige convient très bien à l'abricotier. Ses fruits sont bien meilleurs en plein air qu'au mur, contre lequel ils sont sujets à devenir pâteux.

Mais ses fleurs, à cause de leur précocité, sont très souvent atteintes de la gelée; c'est pourquoi on devra choisir, pour le planter, les endroits abrités autant que possible, toutes ses variétés s'accommodant très bien de la forme de plein-vent. (*Voyez*, à la fin de cet ouvrage, le *Catalogue général.*)

Cerisiers.

La haute tige convient surtout au cerisier. Mais, pour cette forme, greffez-le ou achetez-le tout greffé de préférence sur mérisier; il prendra plus de développement; néanmoins, pour les sols essentiellement calcaires, choisissez-le greffé ou greffez-le sur Sainte-Lucie. Pour les variétés de choix, *voyez*, à la fin, le *Catalogue* des cerisiers.

Pruniers.

La haute tige convient aussi principalement au prunier.

Il se greffe ordinairement sur prunier; les meilleures variétés pour recevoir la greffe sont le Damas noir et le Saint-Julien (*Voir*, à la fin, le *Catalogue* des pruniers pour le choix des meilleures variétés.)

Coignassier.

Le coignassier ne réussit guère qu'en haute tige; il se taille fort peu, parce qu'il est fort difficile de lui imposer une forme qui ait quelque régularité, et que d'ailleurs le fruit se trouvant placé au sommet des rameaux, on ne peut le tailler sans supprimer sa récolte. Voici ses variétés : coignassier à petit fruit, d'Angers, de Portugal, ordinaire : le Portugal est le meilleur.

ARTICLE 2.

Des arbres en pyramide, improprement appelés quenouilles.

Dans les jardins assez vastes, autour de grands carreaux, ou sur un emplacement à part, la forme de pyramide convient parfaitement surtout au poirier, qui étant bien dirigé, donne longtemps de beaux et bons fruits en quantité.

Jusqu'ici la routine a élevé les arbres, poirier ou pommier, sous la forme de *quenouille;* on les taillait très court du bas, leur laissant toutes leurs branches; aussi la séve, occupée à ne former que du bois, a-t-elle fait de ces arbres un pain de sucre renversé et compacte, qui, privé d'air et de lumière, donne peu ou point de fruits.

Formation du poirier en pyramide.

Dieu lui a imposé d'avance sa forme naturelle. Le poirier soumis à cette forme se compose donc d'une tige verticale garnie, depuis son sommet jusqu'à 25 ou 30 centimètres du sol, de branches latérales dont la longueur croît à mesure qu'elles se rapprochent de la base de l'arbre. Ces branches naissent des yeux ou boutons dont la nature a parsemé la tige; mais il faut avoir soin que l'inférieure ne se trouve pas immédiatement au-dessous de celle qui est au-dessus. Il faut éviter autant que possible les bifurcations, à moins qu'on n'ait un vide à remplir, et faire en sorte que toutes les branches de charpente soient garnies d'un bout à l'autre de rameaux à fruits. Pour faire arriver l'air et la lumière, ces principes de vie et de fructification pour un arbre, jusque dans son intérieur et toutes ses parties, il faut que chaque branche charpentière s'éloigne du centre de l'arbre; et, s'il y en avait de rebelles qui voulussent se croiser et se confondre avec la tige verticale, il faudrait les en éloigner au moyen d'un arc-boutant. Les dimensions de la pyramide doivent être telles que son plus grand diamètre égale le tiers de sa hauteur; si donc votre pyramide a 6 mètres de hauteur, son diamètre à sa base doit être de 2 mètres au moins : voilà qui explique les distances que nous avons indiquées pour les pyramides entre elles.

Si vous avez planté de jeunes pyramides greffées sur coignassier, régulièrement élevées, c'est-à-dire bien équilibrées et suffisamment garnies en toutes leurs parties des branches latérales, nécessaires pour commencer la charpente (six ou sept branches au plus), vous pouvez les traiter comme nous avons dit en parlant de l'*habillage* des arbres, rabattre leur tige, les tailler en partie au printemps qui suit l'automne de leur plantation, si elles ont été plantées avec toutes leurs racines et que celles-ci n'aient nullement souffert lors de l'arrachage, ce qui est bien rare. Cependant, lorsque de pareils arbres sont plantés tardivement, après février, il est préférable de ne les tailler que l'année suivante.

Mais, au lieu d'une pyramide déjà formée, c'est une quenouille, espèce de manche à balai garni de quelques forts rameaux à son sommet, que vous avez plantée; rabattez sur leur couronne toutes les branches de la tige, et pratiquez des entailles au-dessus de tous les yeux du bas pour les faire partir, afin d'obtenir une nouvelle charpente. Au reste, le parti le plus simple à en tirer, ce serait d'en faire un fuseau, en rabattant les branches de la tige et pratiquant des entailles.

Mais c'est un scion d'un an sans aucune branche que vous voulez élever sous la forme pyramidale.

Pour la première année de formation, au printemps qui suit l'année révolue de sa plantation, mesurez 20 ou 30 centimètres depuis la greffe de votre arbre jusqu'au premier bouton qui doit produire la première branche de sa charpente; comptez ensuite six ou sept boutons et rabattez la tige au-dessus du huitième, qui formera sa flèche; ayant soin toutefois que ce bouton terminal soit placé du côté opposé à la greffe, afin que la tige pose perpendiculairement sur le pied de l'arbre. (*Voyez* fig. A, au point *a*.) On comprendra aisément que la séve restreinte

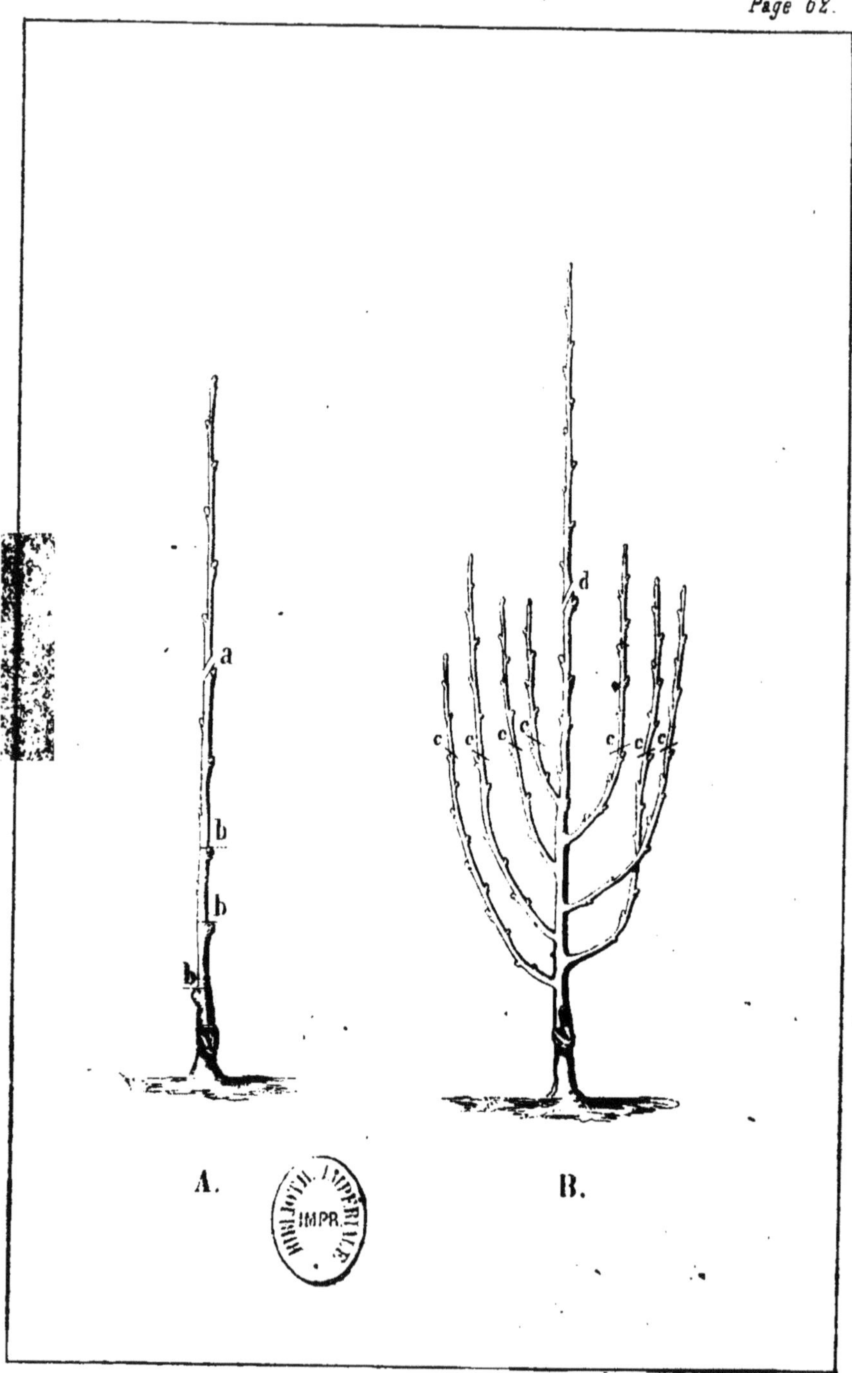

A.

B.

dans un si petit espace de 40 à 50 centimètres, hauteur du scion après sa première taille, doit faire partir vigoureusement les six ou sept yeux destinés à former les six ou sept branches de la base de la pyramide. Une entaille pratiquée, lors de la taille, au-dessus des yeux moins apparents, les déterminera à pousser avec autant de vigueur que les autres. (*Voyez* fig. A, aux points *b*, *b*, *b*.) Si pendant la végétation une ou plusieurs de ces sept branches de charpente s'allongeaient trop, pincez-les pour les maintenir à la longueur des faibles. Tout ce qui pousse sur la tige, à part les six ou sept branches nécessaires à la charpente, doit être pincé sur trois feuilles, non pas cassé ou arraché; et il faut veiller à ce qu'un seul rameau de charpente parte du même point, et à ce que le bourgeon flèche conserve une direction parfaitement verticale; s'il s'en écarte, on le redresse au moyen d'une baguette fixée contre la tige. (*Voyez* la fig. B.)

Au printemps suivant, taillez la flèche à 40 centimètres environ au-dessus du point où elle a été coupée l'année précédente (*voyez* fig. B, au point *d*), afin qu'elle développe six ou sept autres branches, ayant soin qu'aucune ne soit plus rapprochée que de 20 ou 30 centimètres de celle qui se trouve directement au-dessous. Quant aux branches latérales déjà obtenues, taillez-les près d'un œil en dessous, jamais en dessus, pour éloigner toujours leur prolongement du centre de l'arbre, afin que l'air et la lumière le fasse fructifier : si vous avez un vide à remplir, taillez sur l'œil placé du côté du vide; ayant soin de ne retrancher à chaque branche que le tiers de leur prolongement, ni plus ni moins *ordinairement*. (*Voyez* la fig. B, aux points *c, c, c, c, c, c, c.*) En retrancher plus du tiers, ce serait restreindre la séve dans des limites trop étroites, ce qui peut transformer en rameaux à bois les boutons qui sont semés le long de ces branches; tandis que, la séve étant bien ménagée, ces boutons devraient se changer tous en productions fruitières.

Si vous retranchiez moins du tiers de vos branches charpentières, les boutons les plus rapprochés de la naissance de ces branches pourraient s'annuler, vu que la séve, qui tend toujours à monter, pourrait bien passer sous eux sans y faire attention, pour se porter rapidement à l'extrémité du trop long canal qu'on lui aura laissé. Dans tous les cas une légère incision, pratiquée au-dessus de ces yeux de la base pour forcer la séve à les développer, ne serait pas sans avantage, surtout si on ne pinçait pas sévèrement les bourgeons qui avoisinent l'œil de coupe.

J'ai dit qu'*ordinairement* on ne retranchait, à la taille en février, que le tiers du prolongement des branches de charpente. Mais c'est une branche voisine de la base, qui ne s'est développée que faiblement : pour celle-là, taillez-la plus longue que les autres, ou même ne la taillez pas du tout, et ajoutez à ce moyen de rétablir l'équilibre une entaille, soit simple, soit même en Λ renversé, pratiquée sur la tige immédiatement au-dessus de cette faible branche. Comme aussi appliquez cette entaille en Λ renversé au-dessus d'un bouton sur lequel vous comptiez pour former une branche, mais qui ne s'est pas développé.

C'est, au contraire, un rameau latéral qui, malgré le pincement, s'est développé outre mesure; taillez-le plus court que les autres, toujours en vue de l'équilibre; et s'il était évidemment trop fort, appliquez lui en-dessous à sa naissance l'entaille en V non renversé; pendant la végétation cette entaille fera dévier la séve, qui ira travailler au profit des plus faibles.

Donnez les mêmes soins au développement de la seconde série de six ou sept branches, en ébourgeonnant les productions inutiles, et en pinçant surtout très sévèrement tout ce qui avoisine la base de la flèche, qui doit toujours avoir une force prépondérante pour continuer la tige.

Au troisième printemps, taillez la flèche comme les deux années précédentes, à 40 centimètres environ audessus du point où vous l'avez taillée il y a un an, retranchez aux six ou sept branches de la base le tiers de la pousse de l'année, et pour les six ou sept branches de la seconde série, retranchez à peu près la moitié de leur longueur, afin de commencer à imprimer à l'arbre la forme pyramidale, et de favoriser l'accroissement des branches de la base que la séve négligerait pour se porter dans celles qui avoisinent la flèche. Car l'attention doit se porter surtout à fortifier la base d'un arbre qu'on forme, en taillant long cette partie et court tous les rameaux supérieurs. On continue pendant l'été à ébourgeonner et à pincer tous les bourgeons inutiles, et rigoureusement les trois ou quatre voisins de la flèche.

Au quatrième printemps le petit arbre se présente pourvu d'une vingtaine de branches bien placées et suffisamment espacées. Taillez les six du bas âgées de trois ans de manière à leur laisser un mètre de longueur; pour les six ou sept de la deuxième série, retranchez-leur le tiers de la pousse de l'année, et pour les six ou sept voisines de la flèche, retranchez-leur la moitié de leur longueur totale; quant à la flèche, on la taille comme précédemment. Les branches de la base seront pincées, si elles tendent à trop dépasser la limite qui leur est imposée en longueur, d'un mètre ou un peu plus. Le pincement et l'ébourgeonnement se pratiquent comme précédemment.

Les tailles des années suivantes sont les mêmes; seulement on doit proportionner la longueur de la taille à la vigueur de la végétation. Les branches de la base étant arrivées à la limite qu'elles ne dépassent guère dans les sols médiocres, qui est de 1 mètre à 1 mètre 50 centimètres, taillez-les sur un œil en dessous, en leur retranchant presque entièrement la pousse de l'année précédente; traitez de la même manière toutes les autres branches, en conservant toutefois à l'arbre la forme parfaite de pyramide. Surveillez pour que chaque branche reste à sa place et ne cause pas de confusion, afin que l'arbre ressente toujours les heureux effets de l'air et de la lumière. Si donc une branche se rapprochait trop du centre de l'arbre, éloignez-la au moyen d'un arc-boutant : si une autre était trop inclinée ou jetée sur ses voisines, ramenez-la à sa place par une bride ou osier qui la tienne en respect.

Le même mode d'opérer et de soigner se continue jusque vers la douzième année.

Presque toutes les variétés de poiriers peuvent être élevées en pyramide, car nous n'en excepterons que la crassane, les bons-chrétiens d'été et d'hiver, le Colmar d'hiver, l'épargne, auxquelles nous ajouterons le Saint-Germain, le beurré gris, l'orpheline d'Enghien et la bergamotte Sylvange, parce qu'en plein air le bois de ces dernières et leurs fruits sont sujets à la gale, excepté cependant dans quelques terrains privilégiés. Mais, parmi les variétés qu'on cultive sous la forme pyramidale, il en est qui s'y prêtent moins facilement et dont on est obligé, chaque année, de redresser par des baguettes conductrices une partie des pousses terminales, à cause de leur tendance naturelle à se déjeter, comme Marie-Louise Delcourt, le bon-chrétien de Rance, Ferdinand de Meester, le beurré d'Amanlis, arbre courbé, bézi de Chaumontel, etc. Parmi celles, au contraire, qui s'y prêtent le mieux, nous citerons Suzette de Bavay, les beurrés Picquery et d'Aremberg, délices d'Hardempont, passe-Colmar, bergamotte Espéren, baronne de Mello, fondante de Malines, fondante de Noël, beurré de Sterkmans, beurré Poiteau, beurré Hardy, duchesse d'Angoulême, etc. Au reste, voyez à la fin le Catalogue général.

Nous recommandons beaucoup un autre genre de pyramide, c'est la pyramide à ailes de la forme d'une étoile. Elle consiste, pour une ancienne pyramide, à distribuer les branches latérales sur cinq plans verticaux formant autant d'ailes. Plantez une perche au pied de votre arbre, à sa hauteur, auquel vous l'attacherez au bas, au milieu et au-dessus, avec des osiers; plantez cinq autres perches très droites autour de l'arbre, à environ 1 mètre du pied et à une distance régulière les unes des autres; inclinez les cinq vers le sommet, les attachant solidement avec du fil de fer au sommet de la perche qui tient à la tige. Vous amènerez chaque branche de la charpente de l'arbre au moyen de baguettes attachées à chacune des cinq perches, les plaçant à 25 centimètres environ les unes au-dessus des autres, et retranchant de l'arbre toutes les branches non nécessaires à la formation des cinq ailes parfaites. Ou mieux, arquez, en les attachant dans le vide entre les ailes, ces branches inutiles pour la formation de la charpente; l'arcure leur fera porter fruit, et quand vous en aurez joui pendant deux ou trois ans, vous les supprimerez.

Les soins à donner à la pyramide à ailes sont d'ailleurs les mêmes que pour la pyramide ordinaire.

La forme à ailes est de toutes les formes pyramidales la meilleure, en ce qu'elle permet à l'air et à la lumière de circuler très librement dans tout l'intérieur de l'arbre, et facilite la fructification.

La peine que pourra causer le dressage de ce genre de charpente, sera bien compensée par le nombre, la qualité et la beauté des produits. Dresser de cette manière une ou deux de ses anciennes pyramides chaque année dans un moment de loisir, n'est pas une chose impossible; et la besogne une fois faite, on en jouit longtemps et sans nouveau travail.

Pour une pyramide à former, on peut, dès la deuxième année de sa plantation, la mettre à ailes par le procédé que nous venons d'indiquer, et, à mesure qu'elle élèvera sa charpente, on élèvera l'appareil en ajoutant de nouvelles baguettes superposées à 20 ou 30 centimètres les unes au-dessus des autres.

La forme pyramidale convient très bien à l'abricotier, au prunier et au cerisier; et, pour donner cette forme à ces trois variétés, on peut procéder comme pour le poirier. (Voir, pour les espèces à choisir, le *Catalogue* des meilleures variétés.)

Nous ne disons rien du pommier, à qui cette forme ne convient guère; seulement nous indiquons, en même temps que nous parlons de la restauration du poirier, la manière de restaurer cette espèce que l'on aura élevée sous la forme défectueuse d'une quenouille massive et compacte.

Restauration des poiriers et pommiers pyramides mal taillés, mal formés ou épuisés par la vieillesse.

Nous ne disons pas qu'on doive mettre de côté tous les arbres qui n'auront pas les formes symétriques que nous décrivons ici; mais nous indiquons les moyens de rendre à la plupart d'entre eux une disposition assez régulière et toute la fertilité dont ils sont susceptibles. Quant à ceux qui, conduits même avec le plus grand soin, commencent à languir après avoir donné passablement de fruits, au lieu de les remplacer, ne peut-on pas les rajeunir et les mettre à même de nous rendre encore des services qui seront plus prompts que si nous faisions une nouvelle plantation? Oui, et nous allons le démontrer.

Disons d'abord que, pour les poiriers appelés *quenouilles*, s'élevant comme un pain de sucre, tellement compactes qu'il serait difficile *d'y enfoncer le poing*, si massifs que l'air et la lumière ne pénètrent jamais dans leur intérieur, cette forme épaisse est très nuisible à leur fructification. Il est indispensable de les restaurer, et une bonne restauration leur rendra la séve fructifiante et une vie qu'ils dépensent en bois, tandis qu'il est facile d'en tirer parti pour obtenir suffisamment et longtemps encore de bons fruits. Eclaircissez la charpente de vos quenouilles, ramenez-la *progressivement* à l'état de la charpente de la pyramide telle que nous l'avons décrite. Je dis *progressivement*, c'est-à-dire ne coupez pas tout d'un jour, ni même d'une année; retranchez à l'époque de la taille une partie des branches mal conformées, mal placées; l'année suivante, à la même époque, achevez votre restauration; au moyen de la cire à greffer ou d'onguent, votre arbre ne souffrira pas de ses plaies, et, par une taille plus longue des rameaux de prolongement de la charpente, et en faisant usage d'un pincement intelligent, vous mettrez et vous maintiendrez votre arbre à fruit. Il est des cas où ces sortes de *quenouilles* sont arrivées à un point qui touche à la vieillesse; pourvu que ce ne soit pas la décrépitude, vous pouvez les rajeunir avec profit. En sciant l'arbre vers la moitié de sa hauteur, taillant long les branches de la base, et court celles qui se rapprochent du sommet, on donnerait au sujet la forme pyramidale. On pourrait aussi greffer en couronne toutes les extrémités des branches du bas, la greffe se développera plus vigoureusement que le bourgeon né de lui-même.

Quant à la restauration et au rajeunissement des pommiers *quenouilles* massifs, épais et voisins de la vieillesse, procédez comme pour les poiriers dont nous venons de parler. Vous pourriez aussi couper la tête de ces vieilles quenouilles, et, au moyen d'un cerceau placé au centre des branches du bas de l'arbre, et auxquelles vous en attacherez une dizaine des plus vigoureuses et des mieux placées pour former le cercle, vous convertirez votre vieux pommier en vase jeune et vigoureux, qu'une taille longue et bien comprise fera prospérer longtemps.

Mais c'est un jeune poirier qui a été taillé à contre-sens, la pyramide est renversée, on a coupé trop court les branches de la base, et trop long la flèche et tout ce qui l'avoisine. Si l'arbre est encore vigoureux, ayant 1 ou 2 mètres de hauteur, coupez sa tige au printemps à environ 50 centimètres du sol, rabattez sur la couronne toutes les branches qui lui restent, pratiquez des entailles au-dessus des yeux qui n'auraient pas encore émis des rameaux, et même au-dessus des sous-yeux qui étaient à la base des branches supprimées, et donnez au jeune arbre les soins que nous avons décrits pour la formation d'une jeune pyramide.

Mais votre pyramide mal formée est déjà d'un certain âge ; elle a 3 ou 4 mètres d'élévation. Pour sa restauration, retranchez-lui les deux tiers de sa hauteur, laissez intactes les branches de sa base, et taillez les branches supérieures un peu court, ne laissant toutefois que 4 ou 5 centimètres de longueur aux trois ou quatre qui avoisinent le sommet. S'il y a des vides, et que quelques yeux latents apparaissent sur la tige, pratiquez au-dessus de ces yeux l'entaille à la scie en Λ renversé, pour en obtenir des rameaux.

A la taille suivante, vous laisserez encore entières les branches inférieures, continuant de tailler court les autres, et ne donnant que 20 centimètres à celles du sommet, et 30 centimètres à la flèche. En pinçant sévèrement l'extrémité de la pousse des rameaux supérieurs, vous repousserez la séve dans les parties inférieures, qui se fortifieront.

ARTICLE 3.

Du poirier en fuseau.

Nous traitons du poirier en fuseau et nous recommandons cette forme, parce que, comme nous l'avons dit, elle convient parfaitement pour les petits jardins, et qu'elle est d'une grande utilité pour remplir les vides que laissent longtemps les pyramides ou les palmettes entre elles. Le fuseau est d'ailleurs facile à diriger, et sa forme est très simple.

L'arbre se compose d'une tige verticale qui peut s'élever jusqu'à 8 mètres, si la nature du sol et la vigueur des variétés le lui permettent.

Le fuseau prend peu de diamètre, et sa tige se garnit de rameaux, de brindilles, de dards et de boutons à fruits de la base au sommet. Cette forme, moins élégante que la pyramide, a sur elle l'avantage d'occuper peu d'espace, ce qui permet de réunir un plus grand nombre de variétés sur une même étendue de terrain, et d'y récolter promptement des fruits relativement plus nombreux et d'autant plus beaux qu'ils jouissent de plus d'air et de soleil. La forme de fuseau convient particulièrement aux poiriers greffés sur coignassier ; toutefois, dans les sols secs et brûlants où le coignassier réussit mal, on peut employer des poiriers sur franc en choisissant des variétés d'une grande fertilité, comme le doyenné d'hiver, le beurré d'Aremberg, etc.; mais, dans un bon terrain, ceux-ci pousseraient avec une trop grande vigueur et donneraient peu de fruits. Nous avons indiqué la distance à garder dans un massif de fuseaux; cette distance est de 1 mètre 50 centimètres à 2 mètres.

On obtient la forme de fuseau en taillant la tige beaucoup plus long que celle des pyramides, c'est-à-dire à moitié et même aux deux tiers de sa longueur, suivant la vigueur du sujet, et en taillant les rameaux latéraux à peu de distance de leur empattement sur la tige et de préférence sur des yeux de dessous. En allongeant ainsi la flèche de l'arbre, on prévient le développement d'un trop grand nombre de rameaux à bois, et on favorise celui des productions fruitières qui naissent sur toute la longueur de l'arbre.

On prolonge chaque année la flèche dans les mêmes proportions, l'on taille toujours très court les branches latérales. Si l'on remarquait de la confusion parmi les bourgeons, on pourrait supprimer, de distance en distance, quelques-uns des plus vigoureux. On pourrait encore casser vers le mois d'août une partie des rameaux à 5 ou 6 centimètres de leur naissance, afin de faire refluer la séve et d'exciter le gonflement des yeux, ce qui est une préparation pour la fructification des années suivantes. Afin de traiter méthodiquement cet intéressant sujet et de nous faire mieux comprendre, vu que le fuseau demande à être élevé et taillé tout différemment des arbres soumis à toute autre forme, parce qu'il n'est que comme une branche de la charpente d'un arbre, entrons dans des détails. Vous avez planté en automne ou au printemps un poirier d'un an de greffe, sans aucune ramification : laissez-le une année sans le tailler, vous étant contenté à son premier printemps d'enlever quelques centimètres à la flèche et de pincer ensuite les bourgeons voisins du sommet.

Après une année de plantation et pour la première taille, vous ne laisserez aux rameaux du bas du fuseau que la végétation aurait déjà produits, qu'une longueur de 5 à 8 centimètres ; aux rameaux du milieu que 4 centimètres, et, pour ceux du sommet, vous les taillerez sur leur couronne, pour que les sous-yeux se développent en place des rameaux primitifs, qui auraient absorbé trop de séve ; vous taillerez la flèche de façon que vous laissiez à l'arbre la moitié ou les deux tiers de sa longueur. (Voyez la grande planche, fig. A.)

Vous aurez soin de faire une entaille au-dessus de tous les yeux qui n'auraient pas encore émis de bourgeons et dont quelques-uns pourraient bien rester endormis.

Pendant la végétation de l'été suivant, vous pincerez les rameaux qui tendraient à trop s'allonger, aussi bien que ceux du sommet, dans lesquels la séve abonde toujours, pour la faire redescendre dans toutes les parties de l'arbre.

Pour la deuxième taille, vous ne laisserez aux ramifications de la base qu'environ 10 centimètres de longueur, 5 centimètres aux rameaux du milieu, et pour le sommet vous taillerez encore sur les sous-yeux. Quant à la flèche, si elle s'était allongée d'environ 1 mètre, vous ne lui laisseriez que 30 ou 40 centimètres de son prolongement, c'est assez pour cette deuxième taille. A l'égard des bourgeons faibles de la grosseur d'une plume à écrire, et que l'on nomme brindilles, ne retranchez que leur extrémité, leur laissant 5 centimètres environ de longueur. Ces petits bourgeons précieux sont destinés à produire des lambourdes, ces petits corps ridés de 2 à 3 centimètres de longueur, qui donneront les premiers fruits. Ayez-en bien soin, car si l'on taille très court les branches d'un fuseau, qui ont souvent la grosseur du petit doigt, c'est afin de faire gonfler les trois ou quatre boutons qui avoisinent la naissance de ces branches et de les convertir en lambourdes. Maintenez la flèche très droite; si elle déviait, redressez-la au moyen d'une baguette à œillet. Pendant l'été suivant, ébourgeonnez en mai ou juin les bourgeons qui atteindraient 25 ou 30 centimètres de longueur, en les coupant à moitié ou aux deux tiers de leur longueur; pour les autres plus faibles, vous les casserez vers la fin d'août, à deux ou trois yeux de leur naissance. Pour les petits bourgeons de 2 ou 3 centimètres, ne les touchez pas.

Pincez sévèrement ceux du sommet, quand ils ont 6 à 8 centimètres de longueur, surveillez-les pour les pincer de nouveau dans le cours de l'été. Toutes les branches latérales, et surtout la flèche, profiteront amplement de ce pincement des bourgeons du sommet.

Les pousses ébourgeonnées une première fois et qui auraient produit de nouveaux bourgeons, le seront encore vers la fin d'août : on les taille ou mieux on les casse un peu au-dessus de l'œil le plus voisin du premier ébourgeonnement.

3e *taille.* — Taillez, en ne laissant que deux ou trois yeux au prolongement de tous les bourgeons que vous avez ébourgeonnés une ou deux fois l'été précédent; cette taille très courte donnera de bonne heure au jeune arbre la forme de fuseau, dont les branches latérales ne devront avoir qu'environ 15 centimètres de longueur de chaque côté de la tige et dans son plus grand diamètre : elles doivent aller en diminuant jusqu'à la branche de prolongement. Vous continuerez de conserver sans les casser toutes les lambourdes ou *bourses à fruits.* Pour les brindilles, contentez-vous, comme l'année précédente, d'en casser l'extrémité.

Si, dans le nombre des branches, quelques-unes avaient poussé avec beaucoup de vigueur, parce que le pincement aurait été négligé, et qu'elles fissent craindre de les voir dominer sur les autres, ne les taillez pas à deux ou trois yeux comme les autres, mais rabattez-les sur leur couronne ; alors, la séve arrêtée, ne trouvant plus de couloirs, sera forcée de s'infiltrer dans les sous-yeux, qui sont ordinairement des productions fruitières : par cette taille répétée chaque fois qu'elle est nécessaire, vous serez certain d'obtenir de l'égalité dans toutes les branches latérales de votre arbre. Car c'est par force mutilations, tailles, pincements, cassements, que vous ferez prospérer vos fuseaux, lesquels vous donneront longtemps en quantité de beaux et excellents fruits. Quant aux rameaux du sommet, continuez de les tailler très court et de les pincer sévèrement pendant l'été suivant.

Pour la flèche, taillez-la à 50 centimètres environ de la naissance de son prolongement de l'année, si l'arbre a bien poussé, en faisant des incisions au-dessus des trois ou quatre yeux de sa base.

N'oubliez pas qu'en taillant les branches latérales, l'œil sur lequel vous taillez doit toujours être du côté le plus dégarni, pour remplir les vides autant que possible. Vous ébourgeonnerez et vous pincerez comme l'année précédente. Inutile de répéter que vous mettrez un bon paillis au pied de vos fuseaux et que vous les arroserez pendant les sécheresses les premières années. (Voyez la grande planche, fig. B.)

Les tailles des années suivantes se font d'après les mêmes principes, ainsi que l'ébourgeonnement et le pincement des rameaux inutiles. On doit marcher très lentement pour l'allongement des branches latérales, qui doit être très restreint. Quant à la flèche, si elle est vigoureuse, à chaque printemps ne lui retranchez que la moitié de la pousse de l'année précédente, ayant soin toujours de faire des crans au-dessus des trois ou quatre yeux qui sont au bas du prolongement de l'année, qui pourraient s'annuler par suite de l'allongement de la taille. (Voyez la grande planche, fig. B, aux points *a, a, a, a.*) Si, au contraire, la pousse de la flèche était fluette, taillez-la à trois ou quatre yeux au-dessus de la naissance de son prolongement de l'année, à 10 centimètres environ de la taille précédente.

Un arbre, poirier ou pommier en *fuseau*, planté avec les soins que nous avons indiqués et conduit d'après les principes ci-dessus développés, doit commencer à être en plein rapport à quatre ou cinq ans, avoir au moins 4 mètres de hauteur, 40 à 50 centimètres de diamètre à sa base, mesuré après la taille du printemps; limite qu'on lui fait garder, en taillant, au printemps de chaque année, tous les bourgeons de l'année précédente le plus près possible de leur naissance. (Voyez la grande planche, fig. C.) Cette taille très écourtée a pour effet de faire sortir des bourgeons environnants et même du vieux bois, nombre de petites pousses qui sont des lambourdes, des brindilles et des branches à bois : ébourgeonnez celles-ci à l'époque indiquée, sans toucher aux brindilles et aux lambourdes.

Vous maintiendrez l'équilibre parmi les branches de charpente, par les entailles pratiquées au-dessus des plus faibles et au-dessous de celles dont l'empattement serait évidemment trop fort. Le fuseau, ayant 50 centimètres de diamètre à sa base, n'est autre chose qu'un quart de pyramide, ses branches à bois forment sa charpente, elles doivent être régulières et convenablement espacées. Si certaines parties de l'arbre étaient trop pourvues de branches, il conviendrait de supprimer les moins bien placées. Comme aussi, si on remarquait des vides, un espace de 20 ou 30 centimètres sans aucune branche latérale, on remédierait à cet inconvénient par l'incision annulaire, qui fera pousser des branches dans toute la partie vide qui lui est inférieure, ou par la greffe en approche, ou par la pose d'un bouton à fruit.

Il arrive quelquefois que, par suite d'une mauvaise plantation, les feuilles de la partie supérieure d'un fuseau jaunissent ou noircissent et tombent prématurément. Dans ce cas, on note le point où la maladie commence, et au printemps suivant on retranche toute la partie malade, ayant soin de couvrir la plaie de cire à greffer ou d'onguent. Pour obtenir un succès plus certain, il convient d'enlever autour de l'arbre une bande de terre jusqu'à la vue des premières racines, et de remplacer cette terre par un bon engrais composé de fumier consommé et de bouages mélangés : dans les sécheresses, on arrosera de temps en temps le pied et même les feuilles de l'arbre. Des rameaux qui pousseront au sommet, on choisira le mieux placé pour continuer la tige, et on pincera court ses voisins.

« La forme fuseau, dit M. Chauvelot, professeur d'arboriculture à Besançon, convient non-seulement à presque toutes les variétés de poiriers greffés sur coignassier; mais on l'applique encore avec avantage à tous les groseillers à grappe, et spécialement aux plus belles variétés, telles que la *cerise*, la *hollandaise à longues grappes*, la *fertile d'Angers*, la *queen Victoria*, la *versaillaise* et la *grosse blanche transparente*, ayant soin de bien mélanger les couleurs, de bien nuancer les tons en passant du blanc transparent au rouge pourpré. Ainsi cultivés et mis en massifs, les groseillers font un effet charmant. Si l'on combine leur culture avec celle du poirier et du rosier à haute tige, on a ménagé aux exigences du goût le plus pur, aux contemplations de l'œil le plus artiste, la source de douces, d'intarissables jouissances pendant toute la belle saison. Les fleurs et les fruits semblent se balancer mollement sur la même tige. »

La forme fuseau convient également bien à tous les pommiers greffés sur doucin, et même dans un bon terrain à ceux qui sont greffés sur paradis.

Un autre avantage à tirer du fuseau, ce serait de le convertir en fuseau-palmette pour les variétés à branches flexibles, comme la Louise-Bonne d'Avranche, et en formant des étages de branches de palmette de la base au sommet, ces branches recourbées en saule pleureur.

Bien que tous les poiriers puissent être dressés en fuseau, il est préférable néanmoins d'affecter cette forme aux variétés les plus fertiles et à celles qui se prêtent le moins à faire des pyramides. (*Voyez le Catalogue.*)

ARTICLE 4.

De l'espalier et contre-espalier ou palmette.

La forme d'espalier convient à tous les arbres, mais plus particulièrement à ceux dont la maturité des fruits ne serait pas assurée en plein jardin.

Cette forme consiste à planter un arbre au pied d'un mur, et à l'y dresser suivant la direction qu'on veut lui faire prendre. Le contre-espalier, auquel nous donnerons aussi le nom de palmette, s'établit le long de treillages ou de supports quelconques, mais n'est point appliqué le long d'un mur. Cette forme peut être employée pour tous les arbres, excepté le pêcher, qui réclame toujours des murs. Vous auriez, je suppose, un terrain trop restreint pour pouvoir planter des pyramides, alors plantez des poiriers, ou même des pommiers, qui aiment beaucoup un air frais, en palmette ou contre-espalier. Des deux côtés d'une allée ou autour des carreaux du potager, des palmettes font très bien; dans les angles des carreaux, plantez-les parfaitement à l'angle, à la distance cependant du bord de l'allée de 50 centimètres, ou de 70 centimètres si vous vouliez les encadrer dans un cordon de pommiers, les dirigéant ensuite de façon à leur donner la forme d'une équerre. (*Voir la grande planche.*)

Entre celles des angles, vous en placerez une ou deux, et mieux, au lieu de deux, une seule accompagnée d'un fuseau de chaque côté, comme le représente la grande planche, selon la dimension des carreaux, mais droites ou en palmettes, comme l'espalier. Le pommier, qui ne réussit guère en pyramide, s'accommode parfaitement de la forme de palmette; appuyé contre un mur, il ne prospérera pas aussi bien qu'en plein air, autour des carreaux du jardin. Aussi, le célèbre arboriculteur pratique, M. J.-L. Jamin, jetant les yeux sur mes poiriers en équerre ou palmette brisée et en palmette simple, qui, en dépit de l'année 1856, s'étaient chargés pour plusieurs de très beaux fruits : « Voilà, me dit-il, la forme par excellence à donner au poirier, surtout dans un petit potager; aussi, voyez le beau résultat, quelle vigueur dans la charpente, et comme toutes les parties se mettent à fruit. » Passant un peu plus haut, quand il vit deux autres carreaux encadrés uniquement de pommiers en palmette vigoureux et chargés de quelques fruits, mais garnis au complet de productions fruitières : « A la bonne heure, me dit-il, voilà des pommiers à leur place et traités comme ils désirent de l'être... La palmette, continue de nous dire M. Jamin, a un avantage réel qui doit engager à adopter cette forme de préférence à toute autre : avec elle, on obtient plus tôt et plus abondamment ; ses branches se dirigent toujours à droite et à gauche sans confusion, la séve est plus facilement répartie, la végétation plus égale, la conduite est plus simple et plus facile; si elle est contre un mur, celui-ci est mieux et plus proprement garni. » Nous ne pouvons trop insister sur la forme en palmette pour le poirier élevé, soit en plein air, soit contre un mur, et pour le pommier planté en plein air seulement.

La taille de la palmette diffère peu de celle de la pyramide, car c'est à peu près une pyramide appliquée à plat contre un mur, ou plantée autour d'un carreau ou le long d'une allée, privée de branches devant et derrière, et n'en portant qu'à droite et à gauche. Si vous ne pouvez vous procurer de jeunes arbres déjà établis sous la forme de palmette, ce qui vaut toujours mieux, surtout pour la régularité, vous pouvez faire votre palmette avec une bonne pyramide de deux ans, bien garnie de branches latérales, et dont vous supprimez celles de devant et de derrière. Si elle était dénudée à sa base, rabattez sa tige à 45 ou 50 centimètres de la greffe, afin d'obtenir quatre bourgeons, dont deux de chaque côté, destinés à former les deux premiers étages de branches latérales, qui doivent être toujours distancées entre elles de 20 à 30 centimètres, et en outre, un cinquième bourgeon en devant, que vous dirigerez verticalement pour continuer la tige.

Pour faire développer avec plus de vigueur le bourgeon inférieur de chaque côté, pratiquez une entaille au-dessus des yeux qui doivent leur donner naissance.

Mais c'est une greffe d'un an que vous voulez élever en palmette, espalier ou contre-espalier.

Au printemps qui suivra l'année révolue après la plantation, supprimez sa tige à environ 30 centimètres du sol, ayant soin de lui conserver trois bons yeux, destinés à émettre trois bourgeons; le plus élevé, pris sur le devant, destiné à continuer la tige, sera attaché verticalement; les deux autres, pris un peu plus bas régulièrement de chaque côté, seront palissés obliquement, mais sans être trop inclinés, de sorte qu'ils puissent prendre beaucoup de force. Vous n'avez rien autre chose à faire pendant la végétation si l'équilibre se maintient entre eux; autrement, si l'un des rameaux poussait plus fortement que l'autre, inclinez le fort et redressez le faible. Voyez les principes généraux. (Voyez la grande planche, fig. D.)

Taille de la 2e année. — Au commencement du printemps suivant, raccourcissez vos deux branches latérales du tiers à la moitié de leur longueur; un œil de devant, de derrière ou en dessous, est également bon pour continuer la charpente; un œil en dessus ne conviendrait pas; le rameau qu'il produirait formerait un coude trop prononcé, à moins, toutefois, qu'on n'ait besoin de rendre de la vigueur au rameau. La longueur des deux tiers ou de la moitié, laissée par la taille aux deux branches latérales, a plusieurs avantages : elle est suffisante pour que ces branches acquièrent l'accroissement convenable et se maintiennent toujours en rapport de vigueur avec les branches supérieures; de plus, elle permet à tous les yeux de se développer, de produire des organes destinés à la fructification, et d'entretenir les branches bien garnies. Si vous aviez taillé trop long, n'ayant retranché pas le tiers du rameau produit par la végétation de l'année précédente, une partie des yeux, surtout ceux qui sont voisins de la naissance du rameau, resteraient inactifs et laisseraient des vides sur les branches de charpente ; si, au contraire, vous avez taillé trop court, ayant retranché plus de la moitié du rameau, les yeux, au lieu de se transformer en dards et boutons à fruits, se développant avec trop de vigueur par suite de la surabondance de séve restreinte dans des limites trop étroites, retarderaient, malgré le pincement, la mise à fruit de l'arbre ; les rameaux pourraient même prendre un tel empattement qu'il faudrait les supprimer.

Quant au rameau vertical destiné à continuer la tige, taillez-le sur un œil placé de manière à pouvoir établir les secondes branches latérales à 20 ou 30 centimètres des premières, distances que vous conserverez entre chaque étage de branches charpentières.

Chaque été, vous aurez soin d'attacher au treillage les jeunes prolongements des branches de charpente, aussitôt qu'ils pourront l'être.

A mesure qu'elles prendront de la force, vous les amènerez dans la position horizontale, leur laissant cependant une certaine inclinaison. Vous établirez ainsi une branche de chaque côté tous les ans, en procédant comme nous venons de le dire pour les premières. (Voyez la grande planche, fig. E, ou mieux la formation de la palmette du pêcher.)

Il est quelquefois des terrains assez riches qui permettent d'établir deux branches de chaque côté par année : l'une à la taille de février, et l'autre par un pincement tardif. Mais ce n'est que la seconde année de plantation qu'on doit essayer d'arriver à ce résultat. (Voyez grande planche, palmette droite complétement formée, fig. E.)

Palmette à deux tiges, en U.

Nous la mettons sur le même rang que la palmette simple, quant à ses bons résultats. Elle consiste en deux tiges verticales faisant office de branches-mères, chargées de porter les branches latérales et de donner passage à la séve qui doit les nourrir. Nous n'insisterons pas sur cette forme, parce qu'elle est difficile à obtenir à cause du maintien de l'équilibre, qui offre plus d'une difficulté.

Vous pratiquerez le pincement sur la palmette selon le besoin, comme nous l'avons détaillé plus haut, en traitant de la formation des *pyramides*, *fuseaux*, etc. En général, retranchez par l'ébourgeonnement, ou arrêtez par le pincement, le développement de tous les rameaux à bois qui tendraient à désorganiser la charpente de votre arbre, n'importe sous quelle forme vous l'éleviez. Quant aux rameaux à fruit dans l'espalier appliqué contre un mur, le côté seul qui regarde le mur en est dépourvu, prenez-les en dessus et en dessous des branches latérales, et s'il faut combler un vide, prenez-les dans ce cas même en devant.

Pour les contre-espaliers, comme pour les pyramides et fuseaux, les branches latérales doivent être pourvues de productions fruitières sur toutes leurs faces. Au reste, nous traiterons amplement cet intéressant sujet au chapitre suivant.

Une manière de faire une plantation de palmettes très belle et très avantageuse, serait celle-ci. Dans une plate-bande large de 1 mètre 50 centimètres à 2 mètres, plantez vos poiriers sur deux lignes parallèles, espacées de 50 centimètres; le premier d'une ligne à 3 mètres du bout de la plate-bande, le second de cette même ligne à 6 mètres du premier; ainsi de suite, en conservant entre chaque arbre de la même ligne la distance de 6 mètres. Pour la plantation de la ligne parallèle à la première, mettez votre premier poirier à 6 mètres du bout de la plate-bande, le second à 6 mètres du premier, et ainsi de suite. Ce mode de planter fait que bientôt les palmettes forment une ligne de verdure non interrompue, qu'elles s'abritent mutuellement contre la gelée, la grêle, la pluie, le vent et les ardeurs du soleil.

Disons un mot des supports à donner au poirier ou pommier élevés en palmettes en plein air, autour d'un carreau ou le long d'une allée. Pour la forme en équerre, aux angles des carreaux du jardin, plantez une petite perche au pied de votre arbre, à laquelle vous l'assujettirez par des osiers; plantez deux autres perches à environ 1 mètre du pied de l'arbre, inclinées près de sa tige, vous les arrêterez solidement avec du fil de fer au sommet de la première. A mesure que les étages de votre palmette à équerre se formeront, vous dirigerez les branches latérales au moyen de baguettes à œillet arrêtées au corps de l'arbre et aux perches, ne donnant que progressivement à votre charpente la direction horizontale, pour ne pas contrarier la séve.

Procédez de la même manière pour les palmettes droites

plantées le long d'une allée ou intermédiaires entre les palmettes formant l'équerre : seulement les trois perches qui doivent arrêter les baguettes à œillet seront plantées sur une ligne droite parallèlement aux allées que les palmettes doivent border. (*Voyez la grande planche.*)

La forme de candélabre convient aussi très bien à la palmette de poirier ou de pommier, en ce qu'elle empêche un arbre de prendre trop de place en s'étendant horizontalement le long d'une allée. Pour cette forme, plantez sept ou neuf perches derrière votre palmette, une au pied plus élevée que les autres, pour soutenir et diriger la flèche, ensuite trois ou quatre de chaque côté de celle-ci, et distancées entre elles de 20 à 30 centimètres; vous les dresserez et les soutiendrez au moyen de deux ou trois traverses superposées à 60 centimètres au-dessus les unes des autres et attachées avec du fil de fer à chacune des perches verticales. Les deux plus éloignées du centre recevront les branches du bas de la palmette pour leur faire quitter la direction horizontale qu'elles auront suivie à la longueur de 80 centimètres à 1 mètre, et leur imprimer la direction verticale, leur faisant ainsi former à chacune une branche du candélabre. Les autres branches de la charpente seront dirigées de la même manière. La partie supérieure de la tige sera convertie en fuseau. (Voyez la grande planche, fig. G.)

Une autre forme de candélabre, conseillée par M. Jamin spécialement pour le pommier élevé en cordon double et greffé sur doucin, s'établirait ainsi : on prendrait des rameaux distancés de 30 centimètres les uns des autres en dessus du cordon dans toute sa longueur, on les dirigerait verticalement au moyen de petites perches arrêtées comme nous venons de le dire pour la charpente du poirier en candélabre; on palisserait horizontalement, au moyen de baguettes à œillet, les bourgeons qui naîtront de chaque côté des rameaux de charpente, ne les prenant qu'à 10 centimètres environ superposés les uns au-dessus des autres, ayant soin de pincer tous les inutiles, les intermédiaires, comme aussi ceux de devant et de derrière. Ce procédé chargera de fruits le pommier qui y sera soumis. La forme de candélabre convient aussi bien à l'espalier qu'au contre-espalier. M. Luiset, de Lyon, auteur de cette forme, fait prendre la direction verticale à l'extrémité des branches de la base d'un poirier formé et élevé en espalier, et par cette direction, qui donne à l'arbre la forme d'un candélabre, il fait reprendre à ces branches une vigueur qu'elles commençaient à perdre en suivant la ligne horizontale.

Restauration et rajeunissement d'un espalier ou d'un contre-espalier mal taillé.

Restauration. — Il ne s'agit ici que du poirier ou du pommier encore jeune et vigoureux. S'il a à sa base des rameaux bien placés, choisissez-en trois dont l'un formera la flèche et les deux autres le premier étage des branches latérales; supprimez tous les autres, et taillez les deux bras à environ 40 centimètres de leur naissance. Pour la flèche, vous la taillerez à 30 centimètres environ de sa base, et vous conduirez ensuite votre arbre comme nous l'avons indiqué en parlant de la formation de la palmette. Si vous ne trouvez pas les trois rameaux nécessaires à la restauration, taillez-en un seul à 30 centimètres environ du sol, et vous le conduirez comme nous l'avons dit : la suppression de tous les autres lui donnera de la vigueur.

Rajeunissement. — Ne conservez à l'arbre que la moitié de la hauteur de sa tige; en taillant court les branches latérales qui avoisinent le sommet, vous favoriserez le développement des étages qui se rapprochent de la base; pincez sévèrement les bourgeons inutiles, surtout dans les étages supérieurs; enlevez toute la vieille écorce qui recouvre la tige et les branches, et enduisez-les d'eau de chaux éteinte. Un bon engrais placé sur les radicelles complétera l'opération du rajeunissement. (Voyez à l'article *Soins d'entretien du jardin fruitier*.)

M. Picot-Amette nous donne, sous le nom de *transfusion*, un mode de rajeunissement qui nous paraît bien simple et en même temps bien efficace. « Lorsqu'un arbre, dit-il, élevé sous une forme quelconque, est affaibli par les années, et que le sujet sur lequel il est greffé ne se plaît pas dans le terrain où il se trouve, on peut y remédier de la manière suivante. On plante de chaque côté de cet arbre, à 1 mètre ou 1 mètre 50 centimètres de sa base, deux jeunes sujets d'essence vigoureuse, mais de nature analogue : ainsi pour pommier on plantera le franc du pommier ou le doucin, selon la nature du sol; pour poirier on plantera soit le franc de poirier, soit le sauvageon ou le coignassier, toujours selon le sol, comme nous l'indiquons au chapitre VII, *De la greffe*; pour le pêcher et l'abricotier, on plantera deux amandiers pour les terrains secs et profonds, et deux pruniers pour un sol humide ou peu profond; enfin, pour le cerisier on prendra le Sainte-Lucie. Deux ou trois ans après, ou quand les jeunes scions auront grandi de manière qu'en les ployant un peu ils puissent atteindre le pied de l'arbre à 8 ou 10 centimètres de terre, on fait sur cet arbre deux incisions, comme pour la greffe en écusson, seulement elles ont la figure d'un ⅃ renversé; et avec le greffoir on lève les deux lèvres de l'écorce, et on introduit dessous le bout du jeune sujet que l'on a préparé en le coupant en bec de flûte, puis on fait une ligature pour lui donner de l'adhérence au tronc. Pour que cette opération réussisse mieux, on doit préférer, pour faire la ligature, l'osier fendu à la corde, qui se détend ou se resserre selon la température. Si l'écorce de l'arbre était trop épaisse, on l'amincirait vers le point d'intersection des deux lignes ⅃, pour que le liber qui se trouve entre l'aubier et l'écorce du jeune sujet coïncide parfaitement avec le liber du vieil arbre; cette condition est essentielle pour la réussite. Cette dernière précaution est inutile quand on opère sur de jeunes arbres dont l'écorce est encore mince.

» On pourrait aussi se ménager un rameau du jeune sujet que l'on grefferait à chaque branche inférieure de la charpente pour lui rendre de la vigueur, en même temps que la pointe du sujet est greffée au tronc du vieil arbre.

» Si l'opération ne réussissait pas sur un arbre trop âgé, on serait encore libre de l'enlever, et de greffer, pour le remplacer, les deux jeunes sujets qui n'ont pu lui rendre la vie. »

« On voit, dit encore M. Amette, souvent des arbres qui fleurissent sans pouvoir nouer leurs fruits. Ce défaut vient d'un vice d'organisation produit par une taille mal entendue, ou d'un manque de séve. Celle-ci n'arrivant que faiblement dans ces sortes de boutons, ils se sont rétrécis, formant un faux bois, et ont de la peine à s'épanouir; et s'ils fleurissent, n'ayant pas assez de nourriture, leurs fruits tomberont avant leur parfait développement. Le remède à ce mal est de tailler en février, la moitié une année et le reste l'année suivante, ces rameaux nourriciers mal conformés, faisant la section à 5 centimètres environ de leur insertion sur la branche de charpente. Pendant la végétation, vous verrez se développer, dans la partie adhérente à l'arbre que vous aurez laissée sous la taille, des yeux latents d'où sortent des boutons à fruit, qui s'épanouiront la première ou au plus tard la troisième année. Si au bout de deux ou trois ans quelques-uns ne fleurissaient pas, taillez-les de nouveau et pincez à 2 ou 3 centimètres tous les bourgeons inutiles. »

ARTICLE 5.

De l'abricotier en espalier et contre-espalier.

L'*abricotier* réussit très bien en espalier sous la forme de palmette. Pour obtenir cette forme, taillez le scion d'un an comme celui du poirier à palmette simple. Un intervalle de 20 centimètres entre les branches latérales sera suffisant; ayez soin que les rameaux à fruit couvrent tous les points de la surface de ces branches, excepté derrière. Vous procéderez pour former vos étages comme pour la palmette de poirier.

Pour que l'abricotier réussisse et prospère, il faut le prendre greffé sur les pruniers ou de Saint-Julien, ou cerisette, ou Damas; mais il faut absolument pour cela des sujets provenant de noyaux et non de drageons; car ces derniers ont l'inconvénient des rejetons qui les épuisent, et éprouvent bien plus vivement les effets de la gomme, qui les fait périr en peu d'années. Dans tous les cas, l'abricotier doit se greffer en écusson à œil dormant, près de terre ou en tête pour les hautes tiges, et jamais en fente.

Pour parer au double inconvénient de voir ses fleurs souvent détruites en haute tige par les gelées tardives, et de n'avoir que des fruits pâteux et mal mûrs en espalier, on peut élever cet arbre en contre-espalier, et l'abriter facilement au printemps. Un paillasson placé derrière l'arbre, et en avant un autre paillasson sous la forme d'auvent, arrêté au moyen d'un pieu à 30 centimètres du pied de l'arbre, suffisent pour le préserver des gelées à l'époque de la floraison. On enlève cet abri par un temps sombre, quand on voit que le danger est passé. Ce procédé fournira le moyen de récolter d'excellents fruits.

L'abricotier vient à peu près partout; mais il ne donne de très bons fruits que dans les sols légers, sablonneux ou calcaires. Dans les terres humides et compactes, l'arbre est vivement attaqué, bientôt détruit par la gomme, ses fruits sont sans saveur. Les meilleures positions sont les terrains en pente, surtout à l'est. Comme ses fruits sont très sensibles au brouillard, qui les fait tomber, il faut l'éloigner des rivières et des marécages.

Les auteurs qui, jusqu'à ce jour, ont traité de la taille et du pincement des arbres fruitiers, n'ont parlé que très sommairement de l'abricotier. Cet arbre mérite cependant, comme le pêcher, des soins assidus; il ne faut pas oublier qu'il est, comme tous les arbres à fruits à noyau, susceptible d'émettre des gourmands qui s'emportent et altèrent bientôt les brindilles et les branches à fruit placées sur toute l'étendue de ses branches de charpente. Ainsi, pendant la végétation, vous verrez, sur toute la charpente de l'arbre, se développer des bourgeons qui formeront des dards ou bouquets, qui sont toujours les productions fruitières les plus précieuses. Gardez-vous bien de pincer ces productions, que vous reconnaîtrez à leur faible empattement et à leur longueur, qui peut varier de 3 à 10 centimètres; un pincement leur donnerait la mort. Au milieu de ces bourgeons faibles ou productions fruitières, il s'en développe d'autres à peu près semblables au début de la végétation; ces bourgeons prendraient un fort empattement, s'allongeraient et feraient des gourmands, s'ils n'étaient pincés sévèrement à sept ou huit feuilles; un pincement plus court les ferait sécher. Si vous aviez oublié de les soumettre à cette pratique, il faudrait les rabattre à 8 ou 10 centimètres et les palisser; car l'abricotier ne doit porter sur toute l'étendue de ses branches charpentières que les bouquets ou les groupes de productions fruitières menues et peu élevées; jamais on ne doit y voir de gourmands longs et à fort empattement, qui mettraient de la confusion dans l'arbre et qui, en l'épuisant, annuleraient les brindilles à fruit.

Mode de végétation. — L'on ne doit pas traiter l'abricotier comme le pêcher, car la végétation de l'un offre un contraste frappant avec celle de l'autre. Tandis que le pêcher, livré à lui-même, se dépouille toujours du bas et pousse toute sa séve vers le haut de ses branches, dont la partie inférieure reste pour toujours nue et dégarnie, l'abricotier suit une marche inverse; c'est toujours par le sommet que meurent ses branches remplacées par le développement de leurs bourgeons inférieurs, et cela, pour ainsi dire, à perpétuité; car la vie de l'abricotier est fort longue, surtout quand il est franc de pied. Ainsi, si vous remarquez, à l'époque de la taille en février, l'extrémité soit des brindilles, soit du rameau terminal, noire et prête à se dessécher, coupez dans le vif, à quelques centimètres au-dessous du mal. Car il est à remarquer que la mort des rameaux, quelle qu'en soit la cause, va toujours de haut en bas, et s'arrête plus difficilement que dans tout autre arbre fruitier; si la partie morte est retranchée seulement un peu trop court, la branche meurt au-dessous de la coupe. La cause de ces accidents vient le plus souvent de ce que les pousses tardives de cet arbre, peu aoûtées quand les gelées de fin d'automne arrivent, se noircissent et se dessèchent : pendant l'hiver, la mortalité descend et gagne le corps de l'arbre. Pour parer à ce grave inconvénient, vers la fin de la végétation, coupez dans le bois mûr toutes ces pousses tardives assez au-dessous de la partie non aoûtée, et enduisez la coupe de cire à greffer. Ces faits doivent toujours être présents à la mémoire du jardinier; car c'est sur ces faits qu'il doit se baser pour la taille et la conduite rationnelle de l'abricotier.

Caractère des branches. — Les branches de l'abricotier sont en même temps à fruit et à bois, c'est-à-dire que les yeux à bois y sont mêlés sans régularité aux yeux à fruit, et ceux-ci sont tantôt simples, tantôt doubles ou multiples; les boutons à fleur s'y forment intérieurement pendant le cours de la végétation annuelle pour s'ouvrir au printemps suivant.

L'abondance excessive de la gomme dans cet arbre le range dans la classe de ceux qui, comme disent les jardiniers, *n'aiment pas le fer* et veulent être taillés le moins possible. A l'exception des branches qui meurent par accident ou maladie, il ne faut retrancher aucune grosse branche à l'abricotier; le pincement et l'ébourgeonnement doivent suffire pour diriger la végétation. Les branches malades se retranchent le plus loin possible au-dessous de la partie endommagée; la plaie doit être immédiatement couverte de cire à greffer; moins elle prend l'air, moins l'épanchement de la gomme est à craindre, et mieux on obtient la cicatrisation. Ces suppressions ne doivent jamais se faire hors le temps du repos de la séve: l'abricotier veut être taillé de très bonne heure.

Taillez les branches à fruit sur un de leurs yeux à bois inférieurs, qui devient leur bourgeon de remplacement, et maintenez par la taille le plus parfait équilibre de végétation entre toutes les parties de l'arbre. Lorsqu'au bout d'un certain nombre d'années, les branches-mères d'un abricotier sont dégarnies et épuisées, bien qu'elles n'offrent aucun signe de mort prochaine, l'arbre doit être recépé; il donnera toujours du jeune bois, quel que soit son âge : ce que ne fait pas le pêcher, qui, une fois épuisé, n'est plus bon qu'à être remplacé.

Terminons cet article par quelques observations sur la forme en palmette simple, la plus facile et la plus convenable à donner à l'abricotier, soit qu'on l'élève en espalier ou en contre-espalier. Si on l'a planté en automne, on attend au printemps suivant pour le tailler. Si sa plantation a lieu en février, ce qui ne doit guère se faire plus tard à cause de sa précocité, on épie les premiers symptômes de la végétation, pour les devancer, afin d'appliquer à temps opportun la taille qui commencera à former le jeune plant. Rabattez la tige à 25 centimètres du sol, au-dessus d'un œil placé en avant, de manière à avoir un peu plus bas deux bourgeons placés vis-à-vis l'un de l'autre; quand ils auront une longueur de quelques centimètres, ce qui a lieu ordinairement en avril, mettez-les de suite en place à la direction horizontale, pour former le premier étage de la charpente. Si l'un prenait plus de force que l'autre, pincez et palissez un peu serré le plus fort; tous les autres bourgeons sont supprimés. On procède à la formation des autres branches charpentières comme nous l'avons dit pour le poirier en palmette simple.

Au printemps suivant, taillez les deux branches-mères à 25 centimètres à partir de leur insertion sur le tronc, et enduisez la coupe de cire à greffer. L'effet de cette taille sera de faire ouvrir le plus d'yeux possible, afin de préparer en même temps la formation de la charpente et la mise à fruit de l'abricotier. Si quelques bourgeons s'emportaient et s'allongeaient de 15 à 20 centimètres, il faudrait les pincer. Si des vides se formaient parce que quelques yeux seraient restés endormis, on peut les réveiller au moyen d'une petite incision qui forcera la séve à les faire partir; mais cette incision doit *toujours* être enduite de cire à greffer. L'ébourgeonnement devient à la seconde année tout à fait indispensable, à deux reprises différentes : la première à la fin d'avril, pour supprimer les bourgeons superflus ou mal placés, et la seconde au mois d'août, quand on peut juger l'action de la seconde séve sur les bourgeons anticipés. Les pincements se font en proportion du développement des bourgeons conservés.

L'on doit avoir soin de ménager des rameaux bien placés, dont on se servira pour branches de remplacement d'une charpente, quand on voit que celle-ci commence à se dénuder de productions fruitières.

L'on peut sans inconvénient laisser à l'abricotier un certain nombre de jets en avant des branches principales, pourvu qu'ils ne dépassent pas 8 à 10 centimètres; ce sont toujours ceux qui portent les plus beaux et les meilleurs fruits. S'ils dépassaient la longueur que nous indiquons, il faudrait les tailler. On ne taillerait pas les branches fruitières latérales qui s'arrêteraient d'elles-mêmes à 20 ou 25 centimètres de longueur; les autres se taillent plus ou moins long en raison de leur force relative et du nombre d'yeux à fleur dont on les voit chargées.

L'abricotier bien conduit, qui donne longtemps des fruits en abondance, a cet autre avantage qu'il peut réussir même au nord. Si ses fruits ont peu de saveur à cette exposition, l'on peut s'en servir pour confiture, le sucre suppléera à ce qui leur manque.

Pendant les chaleurs, les arbres à noyau sont sujets à s'échauffer, l'écorce se durcit, la séve s'épaissit et circule mal. Le remède est d'arroser deux fois par semaine l'arbre et toutes ses feuilles après le coucher du soleil, et de couvrir le bas de la tige et toutes les parties des grosses branches non couvertes de feuilles soit d'une planche, soit d'un cordon de paille, ou de les barbouiller avec de la terre presque liquide.

Pour les meilleures variétés d'abricots, voyez le *Catalogue général*.

ARTICLE 6.

Du cordon oblique simple.

Forme de fantaisie.

Le cordon oblique simple en poirier est une forme d'espalier à laquelle quelques personnes ont donné le nom de *coup de vent*, parce que tous les arbres sont penchés du même côté sur la muraille. Cette forme est très avantageuse, facile et prompte, parce qu'en peu d'années, le mur, élevé de trois mètres ou plus, est complétement tapissé, qu'on peut cultiver beaucoup de variétés dans un petit espace, et que d'ailleurs les sols médiocres conviennent surtout à ce mode de culture. Sous cette forme, le poirier n'est autre chose qu'un fuseau ou la branche d'un arbre appliqué contre un mur.

Pour former votre cordon, choisissez de jeunes arbres, d'un an de greffe, sains, vigoureux et ne portant qu'une tige. Plantez-les à 35 centimètres les uns des autres, en les inclinant les uns sur les autres, sur un angle de 60 degrés, le sommet de leur tige incliné vers le sud, s'ils sont à l'est ou à l'ouest.

Après un an de plantation, ne retranchez que le tiers environ de la longueur totale de ces jeunes tiges, en faisant la section au-dessus d'un bouton placé en avant.

Pendant l'été suivant, favorisez le plus possible le développement vigoureux du bourgeon terminal; vous transformerez tous les autres en rameaux à fruit à l'aide de la série d'opérations que nous décrirons au chapitre IV, traitant de la mise à fruit.

Au printemps suivant, appliquez à chacun des rameaux latéraux les soins nécessaires que nous indiquerons au chapitre suivant, pour les transformer en lambourdes; puis retranchez à la flèche le tiers de la longueur de la pousse de l'année précédente. Pendant l'été, ayez soin de pincer tous les rameaux qui poussent sur la tige, quand ils sont arrivés à une longueur de 10 centimètres, et de leur appliquer les pincements réitérés et les cassements, tels que nous les décrivons au chapitre IV.

Au printemps de la troisième année, la jeune tige a ordinairement atteint les deux tiers de sa longueur totale; alors on l'abaisse sur un angle de 45 degrés, et l'on applique au rameau terminal et aux rameaux latéraux la même opération que lors de la taille précédente.

Au quatrième printemps, vous n'avez plus qu'à compléter ces arbres en continuant de prolonger chacune de leurs tiges à l'aide des mêmes opérations jusqu'au sommet du mur. Si le mur n'avait pas une élévation suffisante et qu'on fût embarrassé par suite de la force de la végétation, on pourrait incliner les cordons plus bas encore qu'à l'angle de 45 degrés; cette direction des arbres, qui s'approcherait de la ligne horizontale, diminuerait la force de la végétation et suppléerait à l'insuffisance d'élévation des murs, en offrant un plus long parcours à la séve. Pour ne laisser aucun vide sur le mur, commencez votre espalier, du côté opposé à la direction des tiges, par une demi-palmette montant verticalement, et terminez-le par un arbre dont la tige est progressivement abaissée horizontalement à 25 centimètres au-dessus du sol, et sur laquelle vous ferez développer une série de branches montant obliquement à 25 centimètres les unes des autres.

Les espaliers soumis à cette forme peuvent être complétés dans l'espace de trois ou quatre ans : le pommier, le cerisier, l'abricotier et le prunier, se prêtent très bien à la forme de cordon oblique simple, et pour ces espèces, on emploie le même mode d'opérer. (*Voyez la figure.*)

ARTICLE 7.

De la forme cylindrique.

Du Poirier. — Du Pommier.

Forme de fantaisie.

Cette forme, dont M. Luiset, praticien distingué, fait usage de préférence, est très avantageuse et s'accommode très bien des petits espaces et d'un terrain riche et fertile.

Page 100.

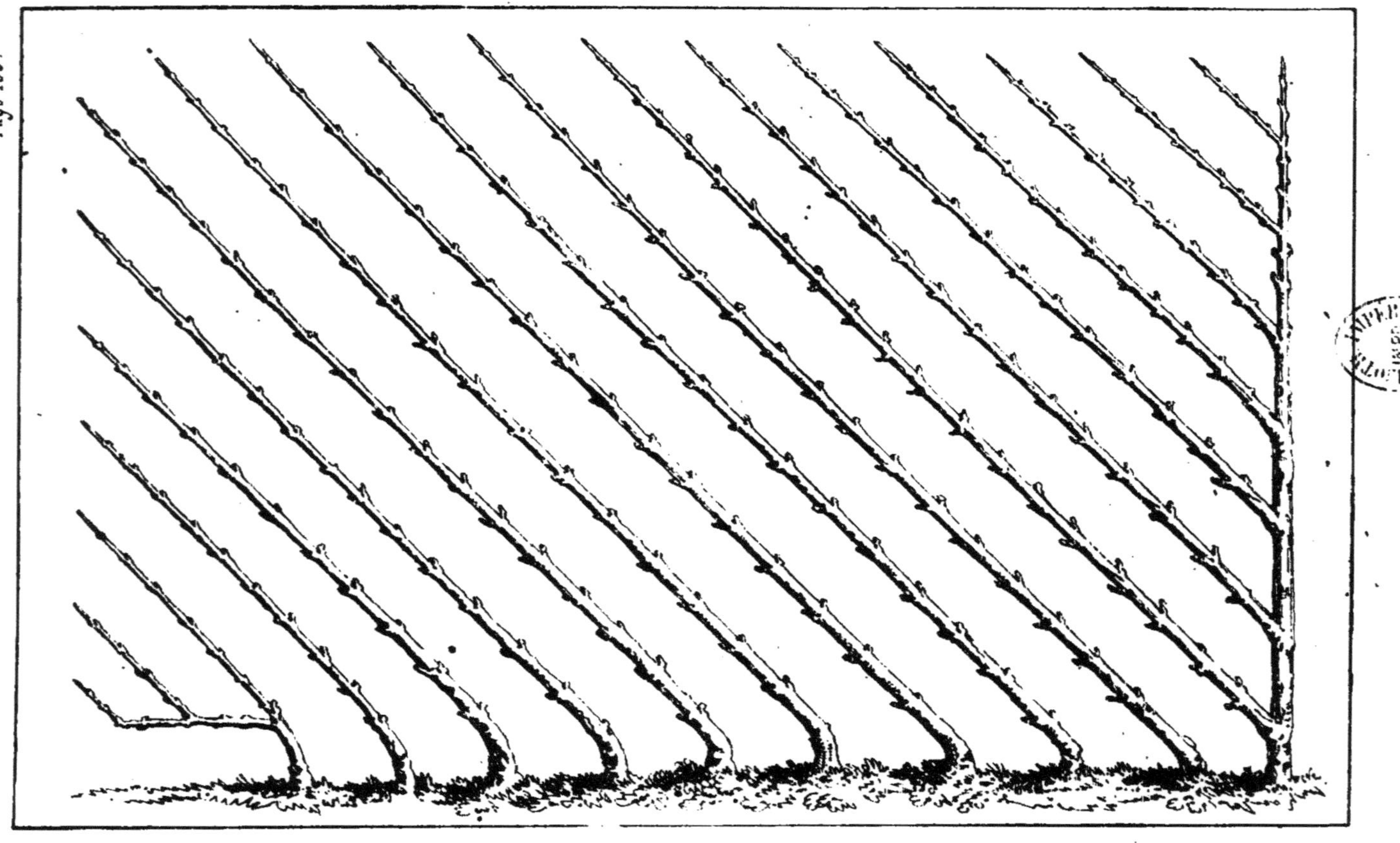

Poiriers en cordon oblique.

Pour l'obtenir, plantez un piquet de 2 à 3 mètres de hauteur, attachez au sommet 6 fils de fer solides, qui seront fixés à terre à 6 piquets, laissant 60 ou 70 centimètres de diamètre; ou plantez solidement 3 perches de la hauteur de 3 mètres, donnant un diamètre de 60 centimètres; entourez-les de 3 cerceaux, un à chaque extrémité et un au milieu; fixez aux cerceaux des baguettes ou de fort fil de fer verticalement entre les 3 perches, pour former le cylindre parfait. Plantez autour du cylindre 3 poiriers, dont vous retrancherez le tiers de la longueur, greffés d'un an, n'importe quelles espèces; dirigez en spirale ou en tire-bouchon ces poiriers sur un fil de fer ordinaire ou une baguette flexible autour du cylindre, en espaçant les tiges de 20 à 30 centimètres: quand ils seront arrivés au sommet, vous les grefferez par approche. Vous leur appliquerez pendant la végétation les soins ordinaires, pour les mettre à fruit; on ne taille pas le rameau de prolongement.

La forme cylindrique convient aussi parfaitement au pommier greffé sur doucin ou même sur paradis, et remplace avantageusement la forme en vase vèrtical. Pour obtenir cette forme, plantez un scion d'un an, taillez-le à 3 yeux à 12 ou 15 centimètres de la greffe pour les doucins, et un peu plus court pour les paradis; vous aurez 3 bourgeons que vous ferez développer en pinçant les inutiles; au printemps suivant, vous taillerez ces trois bourgeons sur deux ou trois yeux de côté, autant que possible; vous verrez se développer six ou neuf bourgeons, que vous favoriserez en pinçant les inutiles; pendant la végétation, vous les éloignerez du centre au moyen d'un cerceau, de manière à former un vide de 60 centimètres de diamètre. Au printemps suivant, vous dirigerez en spirale vos 6 ou 9 rameaux autour d'une petite charpente semblable, mais moins élevée que celle du poirier à forme cylindrique. Arrivés au sommet, vous grefferez par approche ces branches de pommier les unes avec les autres. Pour leur mise à fruit, vous les traiterez comme le poirier. Cette forme a cet avantage sur l'ancien vase à branches verticales, que les branches, dirigées sous la forme de tire-bouchon, poussent moins vigoureusement, ne se dénudent pas, se mettent et restent à fruit plus sûrement : cette forme occupe peu d'espace, est jolie et donne de bons et beaux fruits.

ARTICLE 8.

Du Pommier.

En cordon simple. — En cordon double.

Sous cette forme, les pommiers, qui ne tiennent point de place, pour ainsi dire, fructifient en général plus promptement encore que sous les autres formes, et donnent des fruits plus colorés. Pour obtenir cette forme, on les plante toujours greffés d'un an sur paradis, mêlant les espèces ou les séparant, peu importe, à une distance de 30 ou 40 centimètres du bord de l'allée, et à 1 mètre 50 centimètres ou 2 mètres les uns des autres, tout autour d'un carreau, ou en ligne le long d'une allée : on tend un fil de fer élevé de 30 centimètres du sol, un piquet est planté au pied de chaque arbre derrière lui, c'est-à-dire au côté opposé à celui de la direction qu'aura chaque arbre incliné ; on l'attache à ce piquet avec un osier, sans le serrer, à quelques centimètres au bas du fil de fer, puis on l'incline doucement sur celui-ci, lui faisant former le cou de cygne; on l'attache ; plus tard, pendant la séve, on le plie entièrement pour lui faire former l'équerre parfait. Au printemps, on diminue sa longueur en le taillant près d'un œil en dessus, à quelques centimètres de son extrémité. Ces pommiers se courent après, autour d'un carreau ou le long d'une allée ; quand le rameau de prolongement du premier rencontre le second, on les greffe ensemble par approche, en coupant la pointe du premier en triangle ou seulement en biseau que l'on enfonce dans le coude du second, où l'on a fait une incision triangulaire ou plate; on les lie ensemble, on recouvre la ligature faite sur l'incision d'un peu de cire à greffer chaude. On en fait autant aux autres, à mesure qu'ils se rencontrent; et bientôt le tout n'est qu'un cordon, une chaîne de beaux et excellents fruits colorés. La séve du premier arrivera ainsi dans le second et même dans les suivants; les faibles profiteront par là de la santé des robustes. Quand le cordon est soudé d'un bout à l'autre, on supprime le fil de fer. D'après plusieurs praticiens de mérite, il serait mieux de ne pas greffer ensemble les pommiers, on aurait plus de facilité d'en maîtriser la séve, en la laissant se dépenser dans la prolongation de l'extrémité, que l'on fait passer dans un anneau d'osier sous l'arbre qui suit, extrémité que l'on taillera un peu chaque année, comme cela se pratique sur les extrémités d'un espalier terminé. En conséquence de ce procédé, il conviendrait de mettre, lors de la plantation, entre chaque pommier une distance de 2 mètres, au lieu de 1 mètre 50 centimètres. (Voyez la grande planche, fig. HH.)

Un seul cordon peut en former deux, si les sujets poussent bien. Et ce second cordon est souvent très utile à celui du bas, en ce qu'il dépense le superflu de sa séve et empêche par là les productions fruitières de se porter à bois.

Pour obtenir un second cordon superposé à 25 centimètres au-dessus du premier, on fait une incision transversale près de l'œil qui se trouve placé immédiatement au-dessus du coude de chaque pommier; cette incision arrête une partie de la séve et la détermine à se porter à cet œil, qui déjà est disposé à émettre un bourgeon; l'incision convertira ce bourgeon en un rameau vigoureux: et c'est celui-ci que l'on inclinera sur un fil de fer placé à 25 centimètres au-dessus de celui du bas. On procédera pour ce second étage comme pour le premier; on greffera par approche tous les rameaux formant un second cordon, comme nous l'avons indiqué pour le premier: ou bien on laissera ces rameaux se prolonger sans les greffer, comme nous venons de le dire.

Un moyen plus prompt et plus efficace, mais aussi plus dispendieux en ce qu'il nécessiterait l'acquisition d'un plus grand nombre d'arbres, pour former un second cordon superposé, ce serait de planter ses pommiers à 75 centimètres ou à 1 mètre de distance les uns des autres, et de se servir du premier pour former le cordon du bas, du second pour le cordon du dessus, ainsi de suite en alternant. Dans peu de temps les deux cordons seraient formés et en plein rapport.

Mais, disons-le, ce double cordon ne conviendrait guère dans le voisinage des pyramides, qui se trouveraient gênées dans leur développement de ce côté.

Pour remédier, autant qu'il est en nous, à un mal général, et faire abandonner la triste méthode suivie jusqu'ici partout, qui est d'élever le pommier en pyramide, ou plutôt en quenouille compacte, informe et sans fruits, de le tailler très court et d'en faire un *fouillis* impénétrable, ajoutons à notre première édition ces quelques mots, que nous regardons comme très importants.

D'après ce principe que le pommier n'aime pas le fer, et que, par conséquent, il demande à être taillé très long ou à peine, sans quoi on le verra se couvrir de chancres, nous recommandons instamment la culture du pommier sous la forme ou de palmette à bras très allongés, ou de vase avec taille longue pour les branches de charpente, ou enfin de cordon simple, comme l'indique notre grande planche. Dans les deux premiers cas, c'est-à-dire pour la palmette et le vase, on doit planter des pommiers greffés sur doucin, et ne jamais oublier de faire l'incision transversale, ou un petit cran au-dessus des 3 ou 4 yeux qui se trouvent à la base de la pousse de l'année précédente, au moment où l'on retranche à celle-ci le quart de son prolongement à la taille du printemps. Par suite d'une taille très allongée, qui est cependant nécessaire pour mettre à fruit le pommier, la séve, se portant toujours plus abondamment aux extrémités, pourrait bien laisser inactifs ces 3 ou 4 yeux de la base si une incision ne venait la forcer à les visiter.

La forme de vase à donner au pommier se présente

comme une ressource pour tirer parti d'un arbre jusque-là mal conduit, infructueux, mais qu'on ne veut cependant pas mettre de côté. On lui retranche les deux tiers de sa hauteur, et avec une douzaine des plus beaux rameaux les mieux placés, on en fait un vase au moyen d'un cerceau. Ces rameaux destinés à former une nouvelle charpente seront traités comme nous venons de le dire.

A l'appui de ce que nous avançons, disons que M. Jamin, ce praticien émérite, donne le conseil de planter, pour avoir de beaux fruits et en quantité, des pommiers greffés sur paradis en massif et de ne pas les tailler. On ne taille pas les hautes tiges, et la nature se charge de les faire fructifier; et si les gelées printanières ne la contrarient pas, elle ne nous fait jamais défaut.

Quant au pommier en cordon, on doit se servir de sujets greffés sur paradis. La tige est inclinée d'un seul côté; ou mieux, disent plusieurs maîtres, la tige doit fournir deux bras sans flèche; ces deux bras, formant un T, sont attachés horizontalement sur un fil de fer, comme le cordon simple, à 30 centimètres du sol. Les avantages de ce procédé sont qu'il est plus facile de maîtriser la séve en la divisant et en l'équilibrant que dans le cordon simple, et qu'au reste, si un des bras était faible, il se mettrait plus facilement à fruit. Pour obtenir ces deux bras, nous avons deux moyens; le premier, c'est d'incliner la tige, à droite par exemple, sur le fil de fer, de la tailler court sur un œil en dessous; quand cet œil aura émis un bourgeon, celui-ci sera pincé quand il aura 15 centimètres, afin de faire développer l'œil qui se trouve sur le coude de la tige ou à 1 ou 2 centimètres plus bas, et qui produira le rameau destiné à former le bras gauche du cordon. On établira l'équilibre de la séve par les procédés ordinaires, en palissant serré et en pinçant le côté fort, et en laissant libre ou en palissant peu serré le côté faible.

Un second moyen, ce serait de tailler au printemps le scion sur deux yeux bien placés, destinés à former les deux bras du cordon, et de donner aux deux rameaux les soins ordinaires. (Voyez grande planche, fig. I.) Il nous reste à indiquer un autre procédé très facile et très avantageux pour la culture du pommier, et qui, nous en sommes convaincus, sourira aux yeux des amateurs, qui se plaignent qu'on a beaucoup écrit pour le poirier, tandis qu'on ne dit à peu près rien du pommier. Elevés sous la forme que nous allons décrire, les arbres donnent beaucoup de fruits très beaux et surtout très colorés, ils sont faciles à abriter contre les gelées tardives, et la dépense d'acquisition des sujets est bien compensée par l'économie du défoncement, qui ne doit être que de 40 à 50 centimètres de profondeur.

Pour cette sorte de plantation, choisissez une platebande à part de 1 mètre 50 centimètres ou plus de largeur, sur une longueur indéterminée, soit de 40 ou 60 mètres et plus : défoncez ce terrain à 40 ou 50 centimètres de profondeur, et en bonifiant la terre par des amendements. Faites courir, dans toute la longueur de la platebande, cinq fils de fer (ou plus, en observant la distance de 30 centimètres entre eux et le degré d'élévation au-dessus du sol), solidement arrêtés aux deux extrémités, supportés de distance en distance par des piquets au sommet desquels ils passeront dans un anneau, et tendus par des raidisseurs placés au milieu à égale distance des deux extrémités. Mettez entre chaque fil de fer un espace de 30 centimètres; les deux de chaque bord seront à 15 centimètres seulement du terrain non défoncé et élevés de 25 centimètres au-dessus du sol; leurs deux voisins seront à 30 centimètres du sol et celui du milieu à 35 centimètres; ce qui donnera une forme légèrement bombée aux cinq cordons réunis. Plantez ensuite des pommiers greffés d'un an sur paradis, n'importe quelles variétés; afin de laisser à leurs petites racines la liberté et la nourriture, plantez les sujets en quinconce : le premier, voisin du bord de la plate-bande, à 30 centimètres de l'extrémité où le fil de fer est arrêté; le deuxième à 60 centimètres, le troisième à 30 centimètres, le quatrième à 60 centimètres et le cinquième à 30 centimètres : tous les arbres qui suivront seront à 2 mètres de distance de ceux qui les précéderont sur la même ligne; chaque extrémité de 30 ou 60 centimètres, où l'on voit un vide, sera garnie par un petit cordon formé par un rameau de chaque premier pommier rejeté en arrière, ou par un des bras de chaque arbre, si on impose au sujet cette forme à deux bras, au lieu de la tige inclinée d'un seul côté. Tous les arbres seront inclinés sur les fils de fer en temps propice, c'est-à-dire pendant la séve. (*Voyez la figure.*)

Bientôt le sol sera littéralement couvert et jonché de fruits beaux et excellents, et présentera à l'œil la forme d'un sillon couvert de fruits et de feuilles. Chaque pommier sera conduit et traité comme nous l'avons indiqué

Page 108.

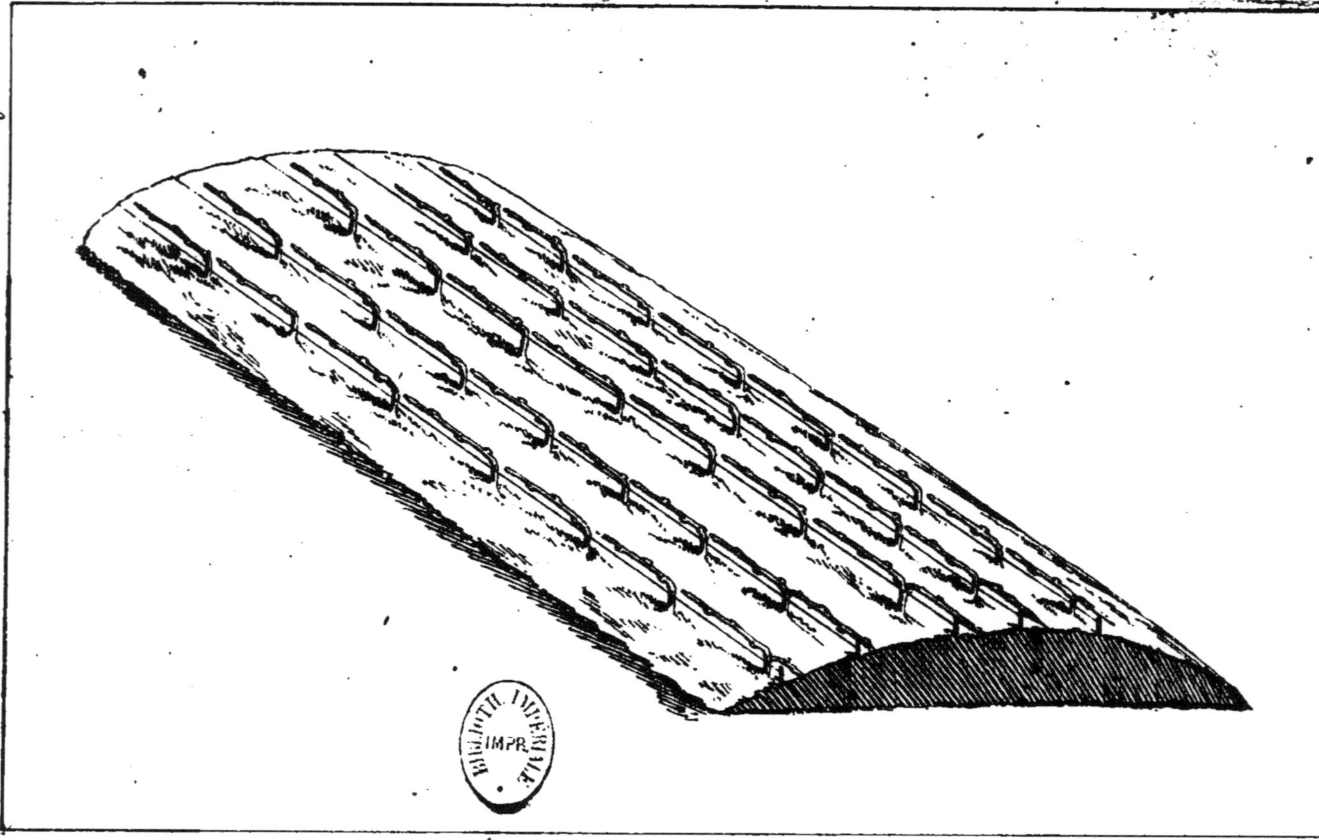

Pommiers en cordons sur 5 lignes parallèles.

plus haut, en parlant du cordon formé autour d'un carreau ou le long d'une allée. Il sera facile de s'introduire entre les cordons pour donner à la terre les légers binages nécessaires; et au moyen de quelques petites perches placées d'avance horizontalement un peu au-dessus des arbres, on pourra aisément en abriter les fleurs contre les gelées tardives, en étendant au-dessus une toile quelconque pour les soustraire à l'action des premiers rayons du soleil après une nuit de gelée : on enlèvera la toile quatre ou cinq heures après le lever du soleil, sauf à la replacer le lendemain au matin, s'il y a eu encore gelée pendant la nuit. Avec ces petites précautions, la récolte sera toujours certaine.

Si nous insistons sur la culture du pommier, c'est que son beau fruit n'est pas à dédaigner; quand tous les autres et même celui du poirier ont disparu, le sien nous reste encore et même pour quelques mois, si surtout on a eu soin de le caser dans une fruiterie convenable.

(Voyez pour les meilleures variétés de pommes le *Catalogue général*.)

CHAPITRE IV.

DE LA MISE A FRUIT DU POIRIER ET DU POMMIER.

Tout ce que nous avons dit jusqu'ici de la taille des arbres à fruits à pépins avait pour objet la formation de leur charpente; occupons-nous maintenant des opérations propres à favoriser le développement des rameaux à fruit et des soins qu'ils réclament. Donnons d'abord quelques notions générales du pincement et du cassement.

Le pincement doit se faire pendant le cours de la végétation, *successivement*, au fur et à mesure du développement des bourgeons latéraux qui croissent sur les branches de charpente d'un arbre à pépins soumis n'importe à quelle forme, afin d'arrêter leur accroissement, qui deviendrait nuisible. On pince d'abord, en les réduisant à 8 centimètres environ, *selon les variétés*, les deux ou trois bourgeons, à peu-près, qui naissent aux extrémités des branches, immédiatement au-dessous du terminal, lorsqu'ils ont atteint une longueur de 10 centimètres; puis, plus tard, on pince une portion de ceux qui se développent sur les parties plus inférieures de ces mêmes branches, les plus fortes pour la plupart; mais, pour ces derniers, on doit attendre souvent qu'ils se soient allongés de 15 à 25 centimètres avant de les opérer, surtout les arbres vigoureux qui n'ont pas ou n'ont que peu de fruits, afin d'absorber la séve, qui, sans cela, ferait développer en bois les boutons qui se prépareraient à fruit; et, en ce cas, on ne supprime que leur extrémité.

Le pincement empêche beaucoup de pertes de séve, évite les plaies, favorise la fructification et l'équilibre, et abrége le travail de la taille.

On pince rarement les bourgeons terminaux des branches charpentières, mais seulement ceux dont la végétation désordonnée menacerait de rompre l'équilibre qu'elles doivent conserver entre elles.

Sur les pyramides, il faut, en outre, presque toujours pincer, lorsqu'ils ont atteint 10 à 20 centimètres, selon leur degré de vigueur, les trois ou quatre bourgeons supérieurs qui avoisinent sur la tige le bourgeon flèche, parce qu'ils prendraient trop de force et nuiraient au développement de la tige ainsi qu'aux parties inférieures de l'arbre. La flèche elle-même, si elle prenait un accroissement démesuré, devrait être pincée; on ferait de même pour la flèche des palmettes; mais en tous ces cas encore, on ne doit retrancher que le sommet de la pousse.

J'ai dit qu'on devait pincer les bourgeons plus ou moins longs, *selon les variétés*, parce qu'en certaines variétés les yeux qui se trouvent à l'aisselle des deux, trois ou quatre feuilles les plus inférieures du rameau, ne se développent jamais ou que très rarement, yeux qui ne sont même pas apparents ou à peu près; or, comme il doit rester, autant que possible, deux bons yeux sur le pincement, il faut pincer plus long sur ces variétés, qui sont : les bons-chrétiens d'été et surtout d'hiver, le beurré Diel, Marie-Louise Delcourt, etc. En observant, on acquiert bientôt les connaissances nécessaires pour un pincement intelligent.

J'ai dit aussi que le pincement devait se faire *successivement;* car tout pincer dans le même moment, ce serait annuler cette importante opération : la séve, arrêtée subitement dans un trop grand nombre de bourgeons, reflue-rait dans les boutons qui se disposaient à fruits et les convertirait à bois. (Voyez notre comparaison de l'irrigation d'un pré, au chapitre II.)

Ainsi, vous avez laissé, par oubli, 3 ou 4 bourgeons, sur chacune de vos branches latérales, arriver à la longueur de 8 à 12 centimètres sans les pincer, allez-y doucement, pincez-en un, le plus fort, sur chaque branche; deux jours après, quelquefois le lendemain, selon la force de la végétation, pincez un second, toujours le plus fort; ainsi de suite. On pince rarement les bourgeons en dessous, parce que la séve a moins d'action sur eux que sur les bourgeons en dessus. Voit-on le bourgeon en dessus, voisin de l'œil terminal, rebelle au pincement, ayant un fort empattement et poussant avec vigueur, comme il arrive assez souvent : il faut le couper au-dessus des sous-yeux. (Voyez l'explication de cette opération au chap. II : *Rabattre sur la couronne ou tailler sur les sous-yeux.*) Les deux sous-yeux pousseront chacun un bourgeon beaucoup moins fort que le bourgeon principal que l'on aura coupé; on supprimera le plus fort de ces deux bourgeons, et le plus faible conservé sera pincé, s'il arrive à 8 ou 10 centimètres. Si les autres bourgeons pincés repoussent vers le sommet des bourgeons anticipés, ainsi appelés parce qu'ils ne devraient se montrer que l'année suivante, ceux-ci seront aussi pincés seulement au-dessus d'une feuille nouvelle. Si l'œil terminal, destiné à prolonger la charpente, n'a poussé que faiblement, tandis que son voisin en dessus a produit un beau rameau, comme il arrive assez fréquemment, l'on peut, pendant la végétation, incliner celui-ci en l'attachant sur le petit bout de la charpente et en faire le rameau de prolongement. A-t-on un bouton à fleur à la place de l'œil terminal destiné à prolonger la charpente, il ne faut pas le tailler, mais le laisser s'épanouir ; quand il sera fleuri, on coupera avec l'ongle toutes les fleurs, et le bouton à bois qui est au centre de celles-ci travaillera à prolonger la charpente. Si l'on avait oublié de pincer quelques bourgeons, qui se sont allongés de 30 à 40 centimètres, on doit leur appliquer la torsion, qui consiste à pincer leur extrémité et à les tordre en rejetant la pointe vers la base, de façon qu'il y ait de celle-ci au sommet de la boucle une longueur de 10 centimètres.

L'on doit procéder de la même manière pour le pincement des autres espèces, telles que cerisiers et pruniers en espalier.

Ces notions générales sont en partie le résumé des leçons données à Vesoul par M. du Breuil, en juin 1856.

Complétons ces notions par quelques mots sur une opération très importante, fortement recommandée par M. Jamin, et dont nous lui avons vu faire l'application. Ce praticien si distingué se récrie sur la façon désastreuse avec laquelle la routine opère, faisant ce qu'elle appelle la *taille d'août*. Sans s'inquiéter si la séve est assez ralentie ou non, elle retranche, casse tous les bourgeons en même temps, même parfois les terminaux des branches charpentières.

Une telle suppression, faite tout d'un coup et souvent avant le temps, force la séve, qui ne trouve plus d'issues, à se porter sur les yeux qui se disposaient à fruit, et en change la destination en les faisant développer en bourgeons à bois, car tous les yeux peuvent devenir yeux à fruit ou à bois selon la volonté du praticien.

Cette taille ne doit, au contraire, être faite que partiellement, successivement et lorsque la séve se modère sensiblement dans les arbres; par conséquent plus ou moins tôt dans le mois d'août, selon la nature du terrain, son exposition, la végétation plus ou moins prolongée des diverses variétés, selon aussi que la saison sera plus ou moins précoce. Ainsi, les bourgeons pincés ou non sont rognés par le cassement à cette taille d'août, à trois, quatre, cinq feuilles, *selon les variétés*, comme nous l'avons dit pour le pincement, savoir : un tiers d'abord quand la pousse éprouve un ralentissement sensible, en choisissant çà et là les plus vigoureux; un second tiers, toujours parmi les plus forts, une quinzaine après, et le reste après une nouvelle quinzaine. On opère en deux fois seulement, par moitié, si l'arbre est chargé de fruits.

Ne doivent jamais être soumis à cette taille, les bourgeons terminaux des branches charpentières, ainsi que la flèche. Au printemps suivant, toutes les plaies contuses, formées par ce cassement d'août, seront rafraîchies à la serpette si vous n'avez pas jugé à propos de tailler sur les sous-yeux, et les bourgeons qui pousseraient pendant l'été seront pincés à 8 ou 10 centimètres.

Ces notions générales regardent l'obtention et la conservation des rameaux à fruit sur tous les arbres à pépins déjà formés ; mais elles ne suffiraient pas pour bien faire comprendre l'opération du pincement ; entrons dans quelques détails.

C'est un jeune arbre que vous formez ; en février, pour une première taille, vous avez retranché aux branches inférieures de la charpente le tiers de leur longueur, ni plus ni moins, mesure de rigueur : pendant la végétation, chaque branche aura l'aspect que vous représente la figure A. Et ce mode de végétation, vous le retrouverez sur toutes les branches de charpente du poirier et du pommier, n'importe sous quelle forme on les ait élevés. Ce que nous allons dire s'applique donc également à toute branche de charpente.

Divisons notre rameau en trois parties égales, comme le fait végéter la nature; le tiers voisin de sa base est pourvu de quelques boutons qu'environnent d'abord deux ou trois folioles; le tiers qui suit, en avançant vers le bourgeon terminal, est garni de dards un peu plus allongés que les boutons de la base. Toutes ces productions nées sur les deux tiers inférieurs de la branche ne réclament aucun soin pendant la végétation, ni à la taille de février des années suivantes. La séve, affluant toujours aux extrémités, laisse ces bourgeons faibles et courts, ce qui les détermine à se mettre d'eux-mêmes à fruit dans l'espace de deux ou trois ans; pourvu que cette séve ne les abandonne pas complétement, ce qu'on lui a laissé faire jusqu'ici en négligeant le pincement qu'on ne connaissait pas. Aussi on a vu les deux tiers inférieurs d'une branche dénudée ou sans fruit, et les trois ou quatre bourgeons du tiers supérieur s'allonger et donner à la branche la forme d'un balai; tandis qu'un sage pincement eût refoulé la séve dans les parties inférieures du rameau, qu'on eût certainement mis à fruit dans toute sa longueur.

Nous sommes arrivés au tiers supérieur de la branche, nous le voyons pourvu de quelques bourgeons que la végétation fait se développer plus ou moins selon qu'ils sont en dessus ou en dessous. Il s'agit de leur appliquer le pincement. Répondons d'abord à une question : A quelle époque doit-on pincer? Il n'y a pas d'époque fixe, cela dépend de la précocité de l'année et de la vigueur de la végétation; il arrive quelquefois que dès le mois de mai on est obligé de faire cette opération. La meilleure précaution, c'est de surveiller ses arbres, et, à mesure que l'on voit un bourgeon atteindre la longueur de 8 ou 10 centimètres, le soumettre au pincement; le lendemain, ou deux jours après, selon la vigueur de la séve, on pincera un ou deux des voisins du premier; mais il est certain que le premier bourgeon qu'on pincera sera celui qui est en dessus le plus voisin du point où l'on a taillé la branche au printemps; puis les autres en dessus, rarement les bourgeons en dessous, à moins que la force de la végétation ne leur fasse dépasser la limite de 10 centimètres de longueur, dans ce cas ils seront comme les autres soumis au pincement à 10 centimètres de leur insertion. Il va sans dire que l'on ne touche pas au rameau

Page 117.

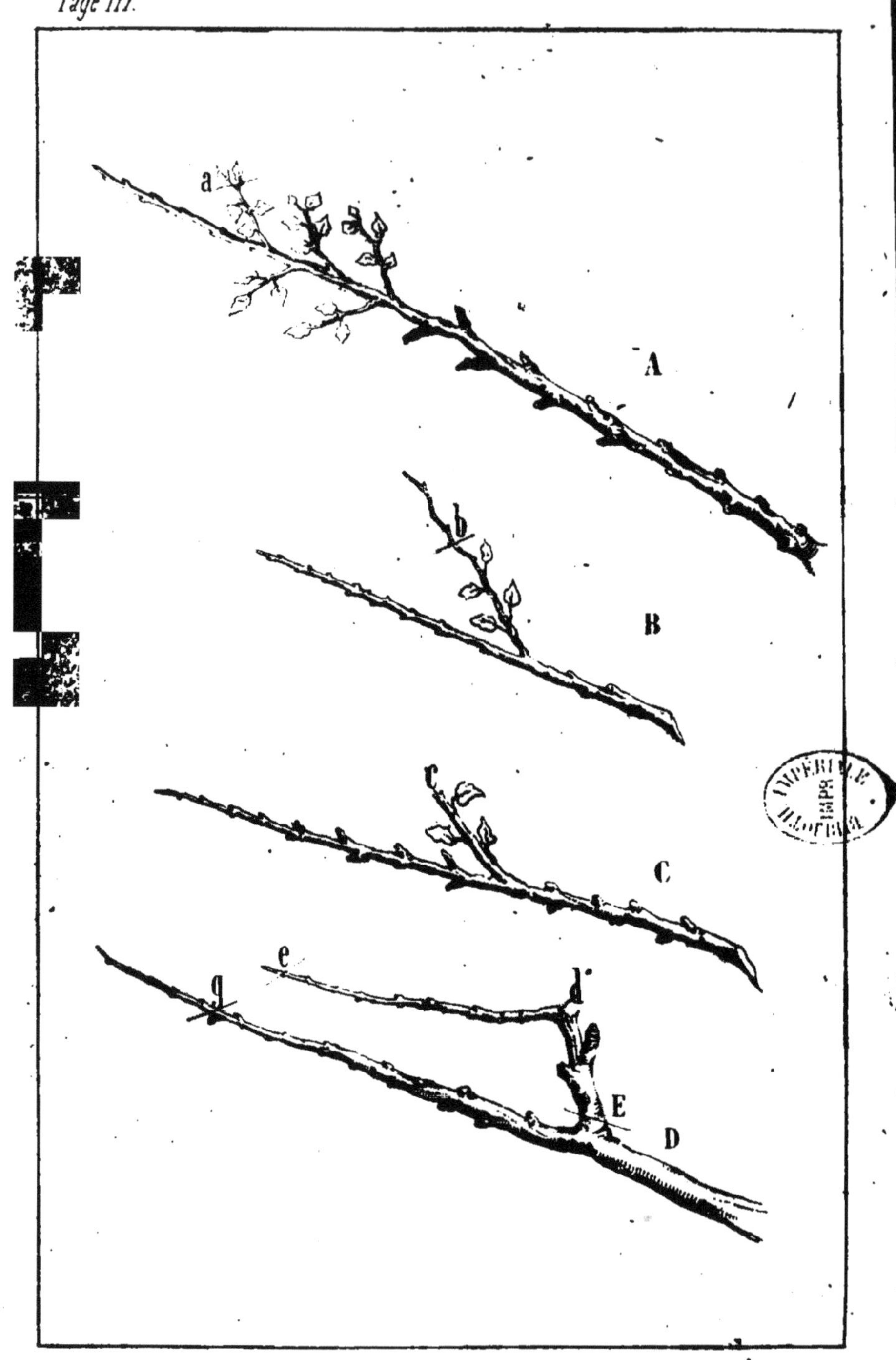

terminal, destiné à prolonger la charpente. Ces différents pincements, faits successivement, à un jour ou mieux à deux ou trois jours d'intervalle, auront les plus heureux effets pour la fructification, tandis que, faits tous le même jour, ils seraient funestes.

Combien de temps, nous demande-t-on encore, doit durer l'opération du pincement? Elle dure environ quinze jours pour le même arbre, s'il s'agit d'un premier pincement; mais, comme la végétation n'est pas aussi avancée pour une variété d'arbre que pour une autre, il arrive toujours que, quand l'opération est complétement achevée pour l'un, elle ne fait que commencer pour l'autre; ce qui la prolonge presque toujours, pour toutes les variétés réunies, jusqu'à six semaines ou deux mois.

Revenons au pincement des bourgeons situés au tiers supérieur de notre rameau. Le bourgeon en dessus le plus voisin de l'œil terminal sera donc pincé au point *a* (voyez la fig. A), soit en coupant avec l'ongle deux ou trois centimètres de son extrémité herbacée, soit seulement en froissant cette extrémité entre le pouce et l'index, car c'est ainsi que se fait tout pincement. Tous les autres bourgeons seront soumis au même traitement à mesure qu'ils arriveront à la longueur de 10 centimètres.

Le pincement ayant pour effet de refouler la séve seulement momentanément, on verra, trois semaines ou un mois après l'opération, un bourgeon anticipé se développer au point où a été fait le premier pincement. (Voyez fig. B.) Ce bourgeon anticipé sera aussi pincé, mais seulement au-dessus d'une feuille nouvelle, à 1 ou 2 centimètres au-dessus du premier pincement. (Voyez fig. B, au point *b*.) Et si l'on n'avait pas été à temps pour ce second pincement, que le bourgeon se fût allongé et durci, il faudrait casser le bourgeon déjà pincé une fois, et ce cassement se ferait de la manière suivante. Si le bourgeon était peu vigoureux, on le casserait complétement au-dessus de deux ou trois boutons valides, à 5 centimètres environ de la naissance du bourgeon. (Voyez fig. C, au point *c*.) Si, au contraire, le bourgeon était très vigoureux, ayant un fort empattement, il conviendrait de ne le casser que partiellement, également au-dessus de deux ou trois boutons, comme celui qui est peu vigoureux. (Voyez fig. D, au point *d*.)

Pourquoi, me demandera-t-on, ne pas couper net ces bourgeons au-dessus de deux ou trois boutons valides, mais seulement les casser ou complétement ou en partie? Nous répondons que, les couper net, c'est faire une plaie dont la prompte cicatrisation renfermera la séve dans des limites trop étroites, ce qui la forcera à se faire jour à travers les deux ou trois boutons que l'on voulait mettre à fruit, et qui partiront en bourgeons vigoureux. Il vaut donc bien mieux casser ou seulement faire *craquer* ces bourgeons, qui ont été négligés au moment du pincement; la plaie contuse résultant du cassement ou complet ou partiel, se cicatrisant lentement, laissera une issue suffisante à la séve, et celle-ci ne sera plus trop abondante pour faire développer en bourgeons les boutons de la base, mais le sera encore assez pour les gonfler et les préparer à se mettre à fruit, si surtout on n'a soumis ces bourgeons qu'au cassement partiel; car la partie du rameau cassée mais non détachée sera un *tire-séve* très utile dont on pincera même l'extrémité au point *e*. (Voyez fig. D, au point *e*.)

Ce que nous venons de dire s'appliquerait mieux aux autres bourgeons dont on aurait négligé le pincement, qu'au dernier le plus voisin de l'œil terminal; car pour celui-ci il serait plus simple de le couper au-dessus des sous-yeux, que l'on soignerait comme nous l'avons dit au commencement de ce chapitre. Nous avons seulement pris ce bourgeon comme exemple sur nos petites figures.

Au printemps de la seconde année de taille des rameaux à fruits, vous n'aurez aucune opération à faire subir aux productions qui couvrent les deux tiers inférieurs de la branche de charpente; quant aux bourgeons du tiers supérieur qui ont été soumis au pincement, voici les soins qu'ils réclament. Faut-il les tailler, comme on faisait anciennement, en appliquant la taille en crochet? Non; car ce serait, comme nous venons de le dire, y renfermer la séve et la forcer à faire de tous les boutons autant de bourgeons qui ne se mettraient pas à fruit. Un procédé nouveau et très simple est celui que nous venons d'indiquer pour les bourgeons dont on aurait négligé le pincement. On doit tailler sur les sous-yeux d'abord le bourgeon voisin de l'œil terminal, que l'on voit en dessus vigoureux et à fort empattement; quant aux autres, cassez-les complétement au-dessus de deux ou trois boutons visibles, à 5 centimètres environ de leur insertion sur la branche, comme l'indique la figure C, au point *c*. Si quelques-uns de ces bourgeons étaient vigoureux, il serait préférable de les soumettre au cassement partiel, comme l'indique la figure D, au point *d*, ou de les tailler sur les sous-yeux au point E. Quelques praticiens éclairés soutiennent que cette taille du printemps sur les sous-yeux est le moyen le plus sûr de mettre à fruit les bourgeons vigoureux, vu que le fruit ne se forme que sur les productions faibles, tandis que les vigoureuses ne donnent que du bois. Nous ne serions pas éloigné d'être de leur avis. Pour le cas présent, les deux sous-yeux émettront chacun un bourgeon ; en coupant sur la branche le plus fort, on ne conservera que le plus faible, qui sera même pincé s'il tend à dépasser la limite de 10 centimètres ; et cette partie de l'arbre sera pourvue d'une production fruitière. Un avantage de ce procédé est de débarrasser la branche de ces rameaux cassés partiellement, qui y apportent de la confusion pendant tout le temps de la végétation. Le prolongement de la branche charpentière sera taillé, comme l'année précédente, de manière à ce qu'il lui reste les deux tiers de la pousse de l'année. (Voyez fig. D, au point *g*.)

Pendant l'été, il n'y aura aucune opération à appliquer aux diverses productions dont la branche est chargée, si ce n'est qu'il faudrait pincer à 10 centimètres les bourgeons qui pourraient se développer au sommet des petits rameaux qui ont été soumis au cassement en février. On procédera de la même manière pour les petits bourgeons qui naîtront sur le prolongement dans la partie voisine de la coupe au point *g*, fig. D.

Pendant la troisième année, les boutons du tiers inférieur de notre branche A s'orneront d'une rosette de cinq à huit feuilles et se gonfleront, pour épanouir leurs fleurs au printemps suivant ; les dards situés au tiers intermédiaire s'allongeront un peu, et les deux ou trois boutons validés, laissés sous le cassement des bourgeons du tiers supérieur, se fortifieront pour fleurir dans deux ans. Il n'y a pas d'autres soins à donner à toutes ces productions pendant la végétation, que de surveiller les bourgeons qui pourraient s'emporter, afin de les arrêter par un pincement à 10 centimètres.

Quand les boutons à fleur se seront épanouis et que les fruits seront pendants, surveillez le bourgeon qui part du même point que les fruits, afin de le pincer très court et de l'empêcher d'absorber la séve destinée aux fruits. Vous ne pouvez trop prendre de précautions, lors de la récolte des fruits, pour détacher ceux-ci du point où ils sont tenus, point auquel on donne le nom de *bourse*, afin de n'endommager en aucune manière ces bourses, précieux réservoirs de fruits pour de longues années.

Le seul soin à donner à ces bourses, lors de la taille en février, est de couper avec un instrument bien affilé leur extrémité qui est en état de décomposition, et de ne pas les laisser, pendant les années subséquentes, se ramifier outre mesure, et même dépasser une longueur de 8 centimètres. Pendant la végétation, souvent on voit un ou plusieurs bourgeons naître des bourses; on doit pincer ceux-ci à 10 centimètres, et au printemps suivant ils seront cassés complétement à 5 cent. de leur insertion.

Quant aux bourgeons soumis au cassement, ce n'est que quand les deux ou trois boutons de leur base sont sur le point de fleurir que l'on coupe tout près du bouton supérieur, pour retrancher la partie meurtrie par le cassement.

Telle est la manière dont on doit procéder, pour mettre à fruit toutes les parties d'un arbre et mettre en pratique le troisième de nos principes généraux de la taille, ainsi conçu : *Que toutes les branches de charpente de votre arbre ne soient garnies d'un bout à l'autre que de productions fruitières.*

Les fruits une fois obtenus, il est avantageux de ne pas les laisser en trop grand nombre sur l'arbre, soit pour régulariser la fructification, soit pour avoir toujours des produits de bonne qualité. En général, sur un arbre bien conduit, le nombre des fruits pourra égaler le tiers environ de tous les boutons qui se sont épanouis ; et l'époque de la suppression serait quand les fruits sont bien noués, afin de pouvoir conserver ceux qui ont la plus belle apparence.

Restauration des rameaux à fruit d'un arbre mal taillé. Comme les fruits d'un arbre sont d'autant plus beaux et plus savoureux qu'ils se trouvent plus rapprochés de la branche-mère, et par là plus à même de recevoir une séve plus directe et plus abondante, il est très important d'avoir les productions fruitières attachées immédiatement à la branche de charpente, et d'éviter par conséquent les coudes, les nodosités et les contours qui ralentissent l'action de la séve et en amoindrissent l'effet dans les lambourdes. Si donc on remarquait sur quelques arbres les inconvénients que nous signalons, triste résultat d'une taille mal entendue, d'une taille que l'on nomme la *taille en crochet*, voici d'après un maître, M. Jamin, le mode de restauration à appliquer à ces arbres. Nous avons vu le célèbre praticien en faire usage, et nous l'avons conseillé à plusieurs qui s'en sont bien trouvés.

Pendant la végétation, cassez partiellement, à 2 ou 3 centimètres de leur empattement, ces bases de rameaux dénudés et souvent gros comme le doigt, en les faisant *craquer* fortement sans les détacher; couchez-les et attachez-les sur la branche de charpente, leur sommet incliné vers celui de la branche qui les porte. Cette opération déterminera la séve à s'ouvrir une issue à la base de ces rameaux, et à en retrouver les sous-yeux qui avaient disparu, ou tout au moins à faire sortir quelques bourgeons qui, soumis au pincement, seront plus tard des productions fruitières bien placées. Si les sous-yeux de la base de ces rameaux étaient encore apparents, il serait plus simple de tailler au printemps ce vieux bois à son empattement, de manière à enlever le sous-œil qui est en dessus qui se rapproche le plus de la ligne verticale, l'autre qui tend à tourner en dessous sera conservé; on enduira la plaie de cire à greffer. En répétant cette opération l'année suivante, on finira par faire tourner en dessous de la charpente ce rameau dont on n'aurait jamais pu jouir en dessus. On n'aura à peu près aucune opération à lui faire subir, vu que les rameaux même à vieux bois qui sont en dessous des branches charpentières ne réclament guère l'opération ni de la taille, ni du pincement, ni du cassement, la séve n'y étant jamais bien abondante; on les taille seulement un peu au printemps, et ils fructifient naturellement. On pourrait donc restaurer ainsi un arbre en y allant lentement, opérant sur une partie de chaque branche une année, et l'année suivante sur le reste.

Mais vous avez un arbre rebelle au pincement et à toute opération propre à le mettre à fruit; c'est un poirier, par exemple, greffé sur franc et planté dans un sol riche et substantiel; il a acquis une vigueur telle qu'il ne forme pas de boutons à fruit. Le moyen le plus simple pour diminuer sa vigueur et lui faire produire du fruit, c'est de lui donner la forme d'un saule pleureur, en arquant toutes ses branches; et toute espèce d'arbres fruitiers rebelles peut être soumise à cette forme.

Pour faire cette opération, placez au printemps un cerceau d'environ 1 mètre 50 centimètres de diamètre autour du pied de l'arbre, maintenu, à l'aide de piquets, à 30 centimètres du sol; attachez au cerceau, au moyen de ficelles, toutes les branches de la base, en leur faisant décrire à chacune un arc de cercle. Arquez successivement les branches latérales jusqu'au sommet, en les attachant aux branches qui leur sont inférieures : quant à la flèche, taillez-la court.

Pendant l'été suivant, vous pincerez soigneusement tous les bourgeons qui pourraient naître à la partie supérieure des branches arquées. Au printemps suivant, vous ne toucherez pas à la nouvelle mais faible pousse de l'extrémité des branches arquées; quant aux rameaux à fruit qui se forment, il n'y a rien à leur faire. Vous pincerez encore, pendant le second été, tous les bourgeons en dessus qui tendraient à dépasser la limite de 10 centimètres; et après la végétation, l'arbre ayant perdu beaucoup de sa vigueur, les branches se trouvent couvertes de boutons à fruit, qui épanouiront leurs fleurs au printemps suivant. Enlevez alors toutes les ficelles; les branches, aidées encore du poids des fruits, conserveront d'elles-mêmes leur position inclinée.

S'il s'agit d'un espalier ou d'un contre-espalier vigoureux et rebelle, procédez de la même manière pour le mettre à fruit. Nous recommandons ce procédé, parce que nous le jugeons préférable à tout autre et nommément à l'incision annulaire, comme étant plus sûr et moins sujet à inconvénient.

CHAPITRE V.

DU PÊCHER.

Le pêcher, originaire de la Perse, est si bien acclimaté en France, qu'il donne des fruits plus beaux que partout ailleurs. Rien n'est plus facile que la conduite de cet arbre, qui, placé dans de bonnes conditions de sol, végète bien, développe chaque année des rameaux, quelquefois de plusieurs mètres d'étendue, et se soumet, pâte molle et flexible, à toutes les formes qu'on se plaît à lui imposer. Tout l'art consiste à savoir utiliser sa vigueur au profit du perfectionnement de la forme et de l'abondance de la fructification. « Après celle de la vigne, dit le comte » le Lieur, la culture du pêcher est la plus facile de » toutes. »

Toute différente de celle des autres arbres, la végétation du pêcher tend toujours à porter sa séve à l'extrémité de ses vigoureux rameaux, qui se chargent de fleurs et de fruits. Cela est si vrai, que si nous examinons ces mêmes rameaux après la première récolte, nous ne trouvons plus ni bourgeons ni fruits. Tous les yeux à bois et à fruits se développant et s'annulant chaque année, l'arbre se trouve bientôt dénudé dans toutes les parties inférieures et dans l'impossibilité de ne plus rien produire si, par des moyens bien simples mais constants, pendant la végétation, l'on ne refoule et l'on ne maintient la séve dans toutes les parties de cet arbre. Un coup d'œil, qui durera une minute ou deux, qu'on leur donnera tous les deux ou trois jours pendant tout le cours de la végétation, pour obvier, par un sage pincement, aux inconvénients d'une séve trop fougueuse, conduira à cet heureux résultat.

La première condition pour la prospérité du pêcher, c'est de le bien planter; qu'il soit greffé sur prunier pour les sols très humides, et sur amandier pour tous les autres terrains, avec un profond et vaste défoncement, surtout pour ce dernier. Il réclame absolument la protection du mur et des auvents, qu'on lui donne avant l'arrivée des fortes gelées, et qu'on lui laisse jusque vers la fin de mai.

Le levant est ordinairement l'exposition qui lui convient le mieux, le midi ensuite, puis le couchant. Ce n'est pas qu'au midi les fruits soient moins bons, mais les arbres y sont sujets à des brûlures, à se dégarnir de branches à fruits et à vivre moins longtemps, surtout dans les terrains légers. C'est une exposition très favorable néanmoins, ainsi que le sud-ouest, aux variétés les plus tardives, telles que l'admirable jaune, le Pavie de Pomponne, la sanguine et même le téton de Vénus, qui ont besoin de chaleur pour mûrir leurs fruits sous notre climat. Quant à l'exposition du nord, elle est antipathique au pêcher.

Nous admettrons volontiers quelques modifications pour les différentes formes sous lesquelles on peut élever le pêcher, et que nous avons décrites dans notre première édition. Ces modifications nous sont commandées par le mode de taille appelé taille à la *Quintinie* ou *taille courte*, admis aujourd'hui par les grands maîtres et les praticiens les plus distingués, comme étant plus facile et plus sûr. Nous admettons leur système avec d'autant plus d'empressement qu'il répond victorieusement à l'objection de tous les jours, que le pêcher est trop difficile à conduire et qu'il faut renoncer à sa culture. Exposons d'abord les avantages incontestables de cette taille si simple et si facile, et quand ils auront été bien pesés, chacun sera de notre avis et voudra, nous n'en doutons pas, cultiver le pêcher.

D'abord, comme nous le disons, ce mode de taille est plus simple, on le saisit mieux que tous les procédés jusqu'ici mis en pratique; il est à la portée de tous les jardiniers. Il dispense de l'établissement de treillages compliqués et toujours dispendieux, et débarrasse des palissages, fort ennuyeux, d'été et d'hiver. Ensuite, les rameaux à fruit étant maintenus très courts, il ne sera plus nécessaire de laisser entre les branches de charpente un intervalle de 60 centimètres; un espace de 25 centimètres suffira maintenant, de telle sorte qu'en doublant le nombre des branches charpentières sur une surface donnée de murs, on pourra aussi doubler le nombre des fruits. Un autre avantage de ce mode de taille, que le plus novice peut comprendre et pratiquer, c'est que la coursonne, ou mieux les coursonnes ou branches à fruit, sont toujours unies immédiatement à la branche mère, et donnent toujours des bourgeons de remplacement, que l'on a tant de peine à obtenir souvent par les autres tailles; et l'on ne verra jamais de gourmands, qui détruisent si rapidement la charpente des arbres.

Nous sommes parfaitement de l'avis de l'excellent professeur d'horticulture de Besançon, M. F.-X. Chauvelot, auquel nous empruntons une partie de ces notions, et nous soutenons avec lui que le mode de taille que nous préconisons pourra, en doublant le nombre des branches de charpente, doubler aussi le nombre des fruits. Sans doute il est bon et même nécessaire pour la formation d'un pêcher, soit en palmette, soit en cordons alternes horizontaux, de ne prendre, les deux premières années, qu'un seul étage de branches; de cette manière on donnera à celles-ci plus de force et de développement : les canaux séveux seront ainsi plus larges, plus spacieux et mieux établis; on n'aura plus à craindre que la séve abandonne les branches inférieures pour affluer avec force dans les régions supérieures. Mais dans les années qui suivent, et après l'emploi des précautions que je viens d'indiquer, ne pourra-t-on pas très facilement et sans nul inconvénient prendre chaque année deux étages et arriver ainsi, dans un espace de sept ou huit ans, à compléter la charpente du pêcher? L'expérience en a été faite par quatre arboriculteurs distingués que nous pourrions citer, et dont deux parfois prennent trois étages en un an, et elle a parfaitement réussi. Et qui empêcherait, pour parer aux inconvénients d'une formation précipitée, de recourir à un remède efficace, que l'on trouvera toujours dans le palissage plus ou moins vertical des branches de charpente? En doublant ainsi les branches à bois, on doublera par là même la fructification. Ajoutons enfin un avantage non douteux du pincement court, sur deux ou trois feuilles bien constituées, celui de préserver presque certainement le pêcher de la maladie des pucerons. Ces insectes ne s'attachent guère qu'aux extrémités des bourgeons très tendres, qu'ils piquent avec leur trompe pour en tirer la séve, et son écoulement attire les fourmis en quantité dans cette partie. La taille courte, ne laissant sur l'arbre aucun jeune bourgeon à extrémité tendre, supprimera par là tout appât aux pucerons.

Parmi les différentes formes que l'on peut donner au pêcher, nous en décrirons ici seulement trois, comme étant les plus simples et les plus promptes à obtenir; le pêcher, d'ailleurs, élevé sous ces formes donne d'excellents résultats.

ARTICLE 1er.

Du pêcher en palmette à cordons alternes horizontaux.

Cette forme, spécialement recommandée par M. Al. Lepère, de Montreuil, représente exactement la vigne cultivée à la Thomery, et est aussi facile à diriger qu'une treille en cordon. Elle garnit promptement un mur de 20 mètres et plus de longueur, sur 2 mètres ou 2 mètres 50 cent. de hauteur; six pêchers suffisent pour la longueur de 20 mètres : c'est la forme qu'on doit admettre de préférence pour un espalier de quelque importance; la palmette simple sera pour les petits espaces.

Pour établir cette sorte d'espalier, après avoir fait choix

des espèces que vous désirez, pour chacune préférez les arbres sains et vigoureux, dont l'écorce est claire et vive, et la tige droite et convenablement garnie d'yeux à sa base. Plantez chaque arbre à 4 mètres de distance les uns des autres, avec les précautions que nous avons décrites. Le premier et le dernier pêcher, plantés aux deux extrémités du mur, n'ont des cordons que d'un côté; le premier à votre gauche en regardant l'espalier les a à droite, et le dernier à votre droite les a à gauche; tous les intermédiaires portent des cordons à droite et à gauche.

En février, pour les arbres plantés à l'automne précédent et pour ceux que vous venez de planter, coupez la tête de la greffe à environ 15 centimètres de son insertion, sur un œil placé devant, pour prolonger la tige, et enduisez la plaie de cire à greffer. Laissez au-dessous de cette coupe tous les yeux qui peuvent exister, et faites développer celui qui est le mieux placé pour continuer la tige; attachez-le aussitôt qu'il peut l'être à une petite perche arrêtée verticalement derrière chaque tige, et ménagez les yeux qui se forment sur sa longueur et surtout à sa base, parce qu'ils sont destinés à former l'un le premier cordon, et les autres des branches à fruit. Les bourgeons produits par les yeux qui regardent le mur seront pincés à 3 centimètres quand ils en auront 6, et en automne ils seront supprimés avec un instrument bien tranchant. — Quant aux yeux de chaque côté et de devant qui pourraient s'ouvrir, il faut les pincer au-dessus de deux feuilles bien constituées quand ils ont atteint une longueur de 8 à 10 centimètres, pour convertir en branches à fruit, l'année suivante, ceux qui resteront au-dessous de la première taille. Voilà quels sont les soins à donner au jeune plant pendant le premier été qui suit sa plantation. Si la tige s'emportait, on ferait bien de la pincer pour conserver leur vigueur aux yeux de sa base.

Au printemps suivant, qui commence la seconde année de plantation, taillez toutes les flèches des tiges sur un œil ou un bourgeon anticipé placé devant, et qui formera leur prolongement, et choisissez à quelques centimètres au-dessous de la coupe et à droite de tous les arbres intermédiaires, en regardant l'espalier, un œil pour former le premier cordon, qui doit être à 25 centimètres du sol. (*Voyez la figure.*) Dès qu'il peut être attaché, fixez-le horizontalement à sa base pendant qu'il est encore à l'état herbacé; relevez son sommet, que vous attacherez obliquement pour favoriser son développement, sans cependant le laisser trop s'allonger, afin qu'il prenne un volume en rapport à celui de la flèche. Un moyen assez simple pour attacher chaque cordon, ce serait de tendre des fils de fer horizontalement à 25 centimètres les uns au-dessus des autres depuis la base jusqu'à 25 centimètres du chaperon du mur, comme cela se pratique pour la treille en cordon. (*Voyez la figure.*) On peut aussi établir son treillage comme nous l'avons indiqué en traitant cet article, espaçant les fils de fer de 70 centimètres, y attachant verticalement de petites perches distancées entre elles de 1 mètre, propres à recevoir de légères, mais longues baguettes, qui seront fixées horizontalement et qui soutiendront les cordons sur la ligne qu'ils doivent

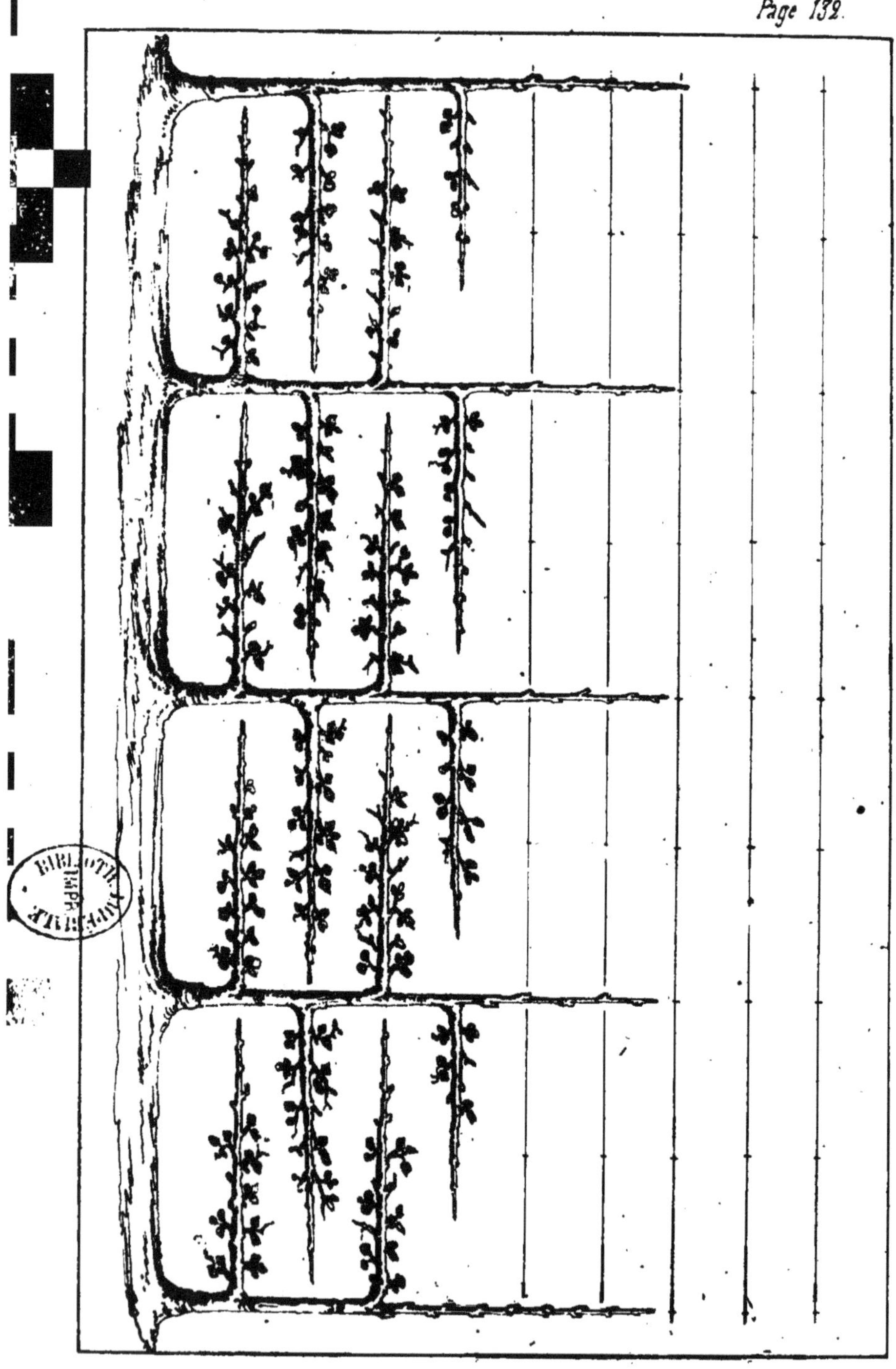

parcourir, c'est-à-dire à 25 centimètres les uns au-dessus des autres.

Si une ou plusieurs des flèches s'emportaient pendant la végétation, on les rabattrait, en les coupant derrière un bourgeon anticipé placé devant, que l'on palisse aussitôt en le gênant assez pour ralentir sa végétation. Toutes les productions du derrière de la tige sont supprimées par l'ébourgeonnement, quand elles ont 6 centimètres, et toutes celles des à-côtés comme du devant sont pincées au fur et à mesure qu'elles ont développé à leur base deux feuilles bien constituées, ce qui veut dire à mesure qu'elles arrivent à une longueur de 8 à 10 centimètres; et c'est ordinairement sur les bourgeons qui avoisinent le sommet de la flèche et du premier cordon qu'on doit commencer le pincement. L'insertion de tous les premiers cordons doit être autant que possible placée à la même hauteur; si cependant il ne se trouvait pas de rameau placé régulièrement sur la ligne horizontale pour le coup d'œil, on pourrait se servir d'un rameau ou rameau anticipé pris un peu plus bas, qu'on redresserait pour l'amener à la hauteur voulue, et qu'on taillerait à propos pour en faire le cordon dont on a besoin.

Au printemps suivant, qui est le commencement de la troisième année de plantation, on répète les mêmes opérations qu'à la première taille, et on forme le second cordon à gauche sur tous les arbres, moins le dernier à gauche, qui a déjà fourni un premier cordon à droite. Ce second cordon de gauche est pris à 25 centimètres audessus et à l'opposé de l'insertion du premier cordon de droite. Tous les soins indiqués pour la première taille sont applicables à celle-ci et aux suivantes, car c'est toujours les mêmes moyens à employer pour la formation de chaque cordon.

Les deux cordons de la base de l'espalier étant bien et vigoureusement constitués, vous pouvez, comme nous l'avons dit, prendre chaque année sur chacun des pêchers intermédiaires deux cordons, l'un à leur droite et l'autre à leur gauche, en en faisant produire également deux aux deux arbres des extrémités pour leur faire suivre la marche ascensionnelle des autres. Et dans le fait, en faisant produire au pêcher élevé sous la forme horizontale deux cordons chaque année, on ne le fatigue pas plus que la palmette simple, qui fournit chaque année un étage à deux bras. (*Voyez la figure.*)

Pour terminer la formation de l'espalier, vous surveillez la flèche de chacun des arbres; quand vous la voyez arriver à 25 centimètres du chaperon, vous l'arquez en la palissant, de manière à ce qu'elle reste à cette distance et y forme le dernier cordon. A la taille, coupez cette flèche sur un œil ou rameau faible placé devant, et palissez plus ou moins serré, selon le besoin.

A moins d'accidents survenus aux pointes de tous les autres cordons, aucune n'est taillée pendant la formation de l'espalier. C'est toujours par le développement de leur œil terminal naturel qu'on les laisse se prolonger, mais si l'une d'elles avait péri par la gelée, la grêle ou autrement, on peut revenir tailler sur le vieux bois, au-dessus d'un rameau convenable, que l'on conduit de manière à reformer le cordon. Si une pointe s'emportait, on la pincerait, ou même, si elle s'était déjà trop allongée quand on s'en aperçoit, on la taillerait en vert près d'un rameau de devant, et celui-ci remplacerait la pointe supprimée.

Lorsque chaque cordon vient toucher le pêcher sur lequel il était dirigé, on le taille sur un œil faible. Il faut tailler chaque année la pointe de chacun des cordons à environ 30 centimètres en deçà de l'arbre voisin, qu'il ne doit pas dépasser pour éviter les croisements; ou, ce qui serait plus simple, on ferait bien de greffer en arc-boutant ou par application le cordon contre la tige qu'il ne doit jamais dépasser.

Si un des pêchers venait à périr, on le remplacerait, en changeant totalement la terre, par un arbre de deux ans de greffe, vigoureux, et sur lequel on prendrait les cordons nécessaires. Pour former ces cordons, il serait bon de laisser suivre la ligne verticale au rameau choisi pour le cordon pendant la première année de végétation, pour lui donner plus de force; seulement, on lui imprime la direction horizontale sur une longueur de 4 à 5 cent. à partir de son insertion. Il serait bon aussi de mettre une année d'intervalle entre la formation de chaque cordon pour les mieux constituer.

Une précaution qu'on pourrait prendre pour le cas d'accidents, ce serait d'élever à part deux ou trois autres pêchers disposés de la même manière, en donnant à l'un son premier cordon à droite, et à l'autre à gauche, afin de pouvoir remplacer un arbre mort par un autre du même âge et de même formation. Si un cordon était endommagé par la grêle ou autrement, il faudrait nettoyer les déchirures de l'écorce et couvrir les plaies de cire à greffer. Si quelques pointes de cordons s'appauvrissaient, il conviendrait de les supprimer et de les renouveler au moyen d'un rameau inférieur.

Pour la taille des branches à bois et des branches à fruit, voyez ci-après, art. 4 et 5.

ARTICLE 2.

Du pêcher en palmette simple.

Cette forme est une des plus faciles : elle consiste en une série de branches horizontales partant à droite et à gauche d'une tige verticale, depuis environ 25 centimètres du sol jusqu'à 25 centimètres au-dessous du chaperon du mur, et espacées entre elles de 25 centimètres; elles doivent atteindre toutes successivement la même longueur. On adopte le même mode de treillage que pour les cordons alternes horizontaux. Cette forme, avons-nous dit, convient très bien pour les petits espaces : vous n'avez de place que pour un arbre, élevez votre pêcher en palmette simple. Si cependant on préférait cette forme à celle en cordons alternes horizontaux pour un vaste espalier, on planterait ses arbres à une distance de 5 ou 6 mètres les uns des autres.

Pour la formation de cet arbre, procédez comme nous l'avons dit pour la formation du poirier en espalier ou en palmette simple, chapitre III, article 4 (*voyez la figure*); seulement, ayez soin de pincer tous les bourgeons inutiles qui se montrent sur la tige, quand ils ont atteint une longueur de 10 centimètres, et supprimez-les complétement en les coupant contre la tige lorsque les bour-

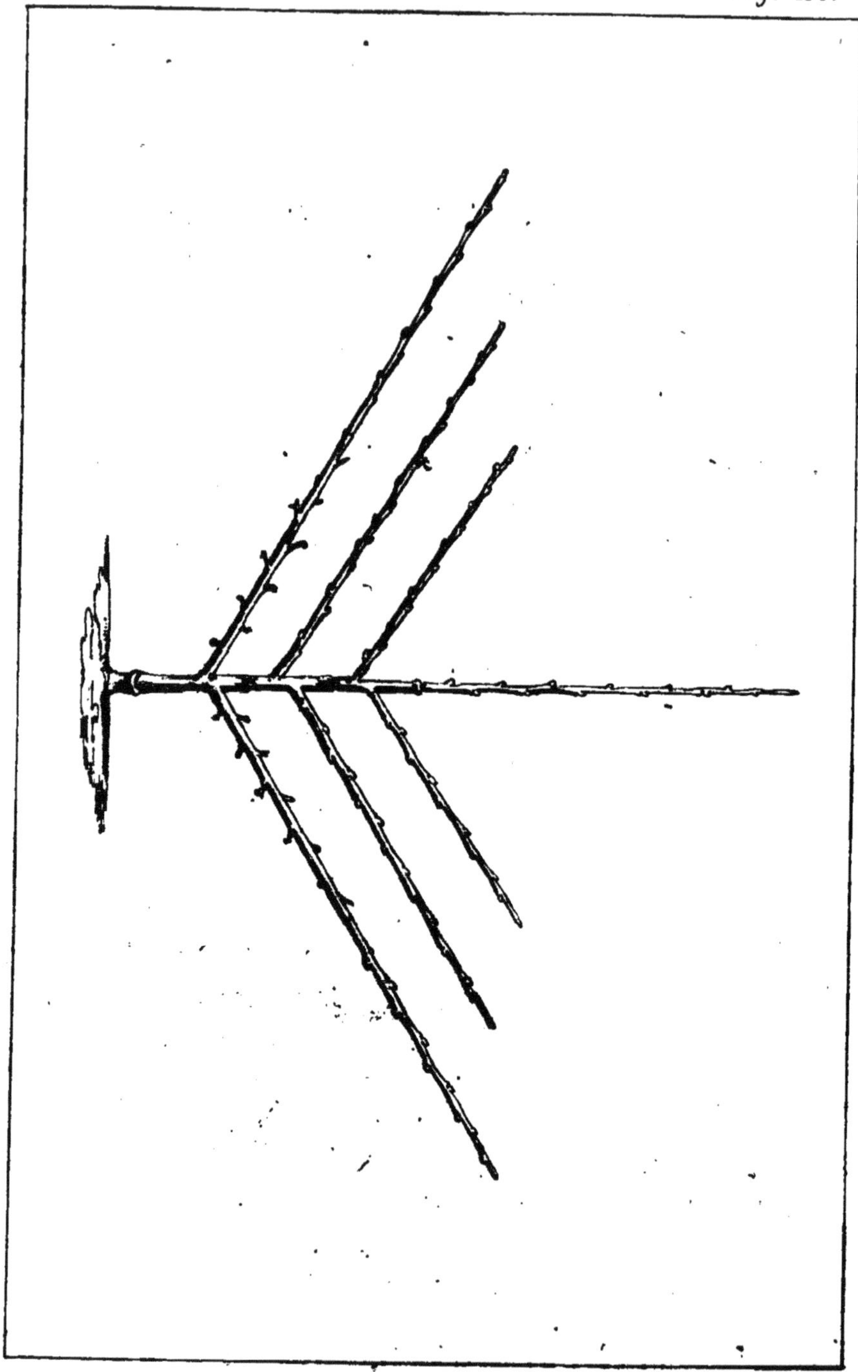

geons destinés à former la charpente ont acquis une longueur de 30 centimètres. Quant à la tige, si elle paraît trop vigoureuse en proportion des deux branches latérales, pincez-la lorsqu'elle aura 20 centimètres, et quand elle aura repoussé, conservez le bourgeon le mieux disposé pour la prolonger. Quand elle sera à la hauteur de 30 centimètres des deux branches latérales de la base, pincez-la de nouveau en combinant trois yeux qui, à cette époque, sont placés à l'aisselle des feuilles et ne manquent pas de se développer. Pour préparer les deux branches du second étage à 25 centimètres du premier, palissez sans les trop gêner les deux bourgeons pour leur faire prendre, à l'état herbacé, leur direction parfaitement horizontale. Pincez également tous les bourgeons inutiles quand ils ont 10 centimètres, pour les supprimer lorsque les deux latéraux de la seconde série auront atteint 30 centimètres.

En février de l'année suivante, vous taillerez les deux premiers bras latéraux aux trois quarts de leur longueur, qui peut être environ de 1 mètre 30 ou 50 centimètres de chaque côté; les branches latérales de la deuxième série peuvent être taillées sur une longueur d'environ 60 à 80 centimètres de chaque côté, et la tige à 5 ou 6 yeux au-dessus de la deuxième série; et lorsque son bourgeon terminal sera développé et aura atteint, comme l'année précédente, la longueur de 30 centimètres au-dessus du deuxième étage, donnez-lui un pincement pour préparer la troisième série. On doit obtenir toutes les séries de cette même manière; néanmoins, comme nous l'avons dit, les deux étages de la base étant établis et vigouréusement constitués, on peut chaque année former deux étages. Autrefois on se donnait beaucoup de peine pour amener progressivement les branches de charpente à la direction horizontale; mais aujourd'hui on est d'avis de les placer de suite à la position qu'elles doivent toujours occuper, et si on arrête par un sévère pincement la fougue de la tige, elles se développent facilement. (*Voyez la figure.*)

Quand la tige s'approche du chaperon du mur, on la coupe à 25 centimètres environ de celui-ci, et au moyen de deux bourgeons anticipés de chaque côté on forme la dernière série. Quant aux branches latérales, on les taille chaque année à 30 centimètres environ en deçà de la limite qu'elles ne peuvent pas dépasser, de façon qu'elles développent, pendant chaque été, à leurs extrémités un bourgeon vigoureux qui appelle la séve; ou mieux, on les greffe par application ou en arc-boutant aux branches des pêchers voisins, s'il s'en trouve.

Pour la taille des branches à bois et des branches fruitières, voyez ci-après, art. 4 et 5.

ARTICLE 3.

Du pêcher en cordon oblique simple.

Cette forme, préconisée par le savant professeur M. du Breuil, est la plus simple qu'on puisse donner au pêcher; ce n'est pas autre chose qu'un pêcher en fuseau, ou une forte branche de cet arbre appliquée contre un mur. Ses avantages sont, qu'établies contre un mur de 3 mètres

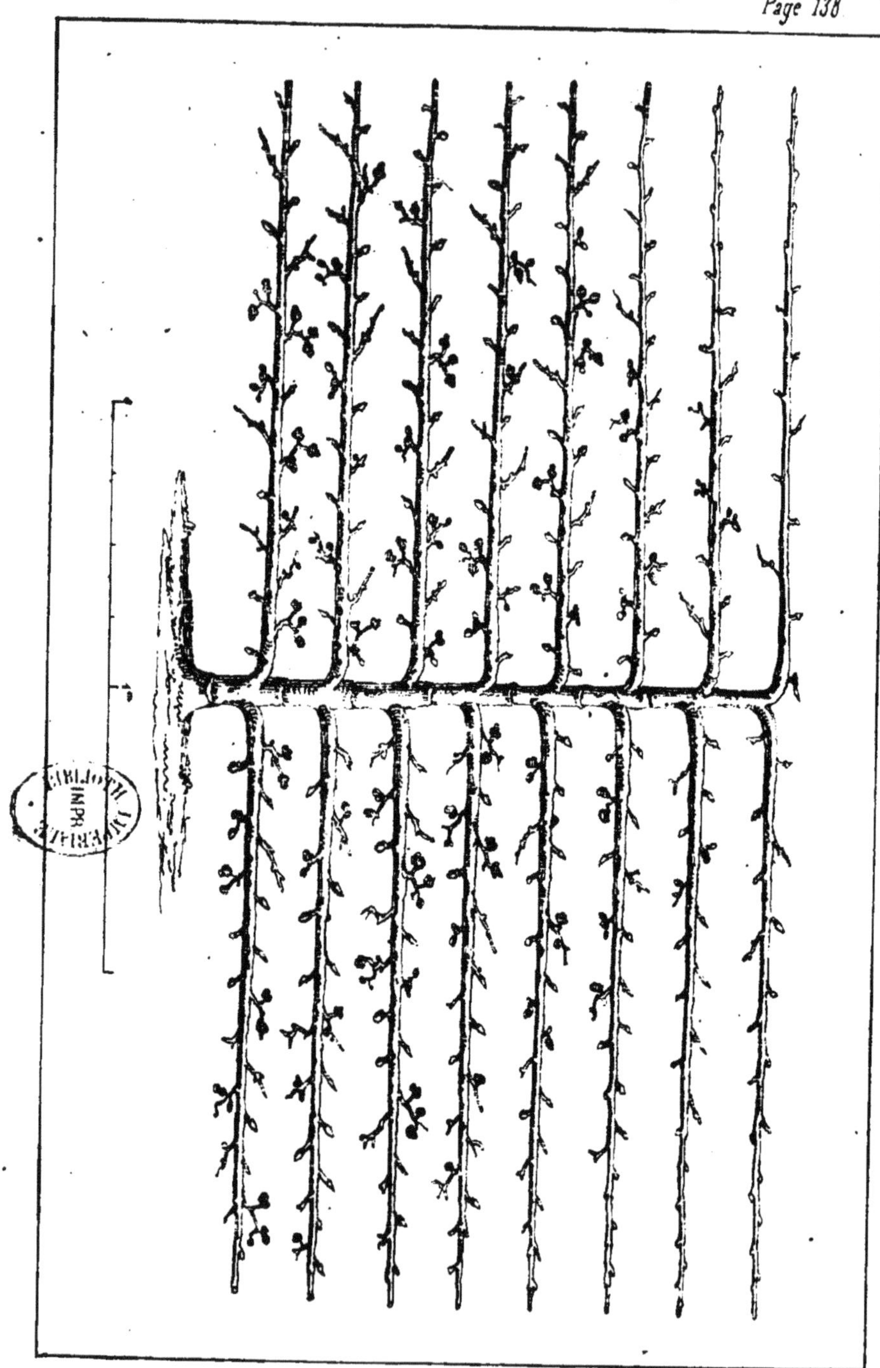

d'élévation, « les tiges, dit M. du Breuil, peuvent arriver au sommet de ce mur, et l'espalier peut être complétement formé dès la fin du second automne qui suit la plantation, ce qui ne peut être obtenu avec les autres formes que dans plusieurs années. La fructification est déjà abondante pendant le troisième été, et elle arrive à son maximum dès le quatrième été. Si l'un des arbres vient à périr, il suffit d'en replanter un autre, en isolant, au moyen de planches, ses jeunes racines des racines des pêchers voisins, qui envahiraient la place et ne laisseraient aucune nourriture au sujet nouvellement planté. Dès la troisième année le vide se trouve comblé. Un autre avantage propre à cette forme, c'est qu'on peut réunir dans un petit espace un grand nombre de variétés, et que les moyens à employer pour répartir également l'action de la séve se trouvent à la portée de tous les jardiniers. »

Un inconvénient de cette forme, qui nous paraît sérieux, vient de nous être signalé par un praticien et professeur lui-même d'arboriculture. Nous devons la vérité à tous, faisons connaître cet inconvénient. « La séve, dit l'objection, coule parfois dans le pêcher comme un torrent; comment la maîtriser dans un si petit espace comme est celui d'une seule tige s'éloignant fort peu de la direction verticale. Je soutiens qu'il sera impossible, et je demande que fera-t-on de la séve quand l'arbre sera arrivé si rapidement au sommet du mur? Le bas ne se dénudera-t-il pas pour ne former au-dessus qu'une sorte de plumet? » M. du Breuil répond que la séve ne sera jamais très abondante dans un pêcher élevé sous cette forme, vu que les racines des arbres si rapprochés ne seront jamais ni fortes ni nombreuses; qu'au reste on pourra laisser se développer au sommet de chaque pêcher un rameau vigoureux qui amusera la séve, et ce rameau sera taillé chaque année.

Quoi qu'il en soit de la controverse, donnons succinctement la méthode à suivre pour l'établissement de cette forme.

Choisissez de jeunes pêchers d'un an ou deux de greffe et ne portant qu'une seule tige; plantez-les à 30 ou 35 centimètres les uns des autres, droits et non inclinés. Si vous avez planté en automne, et tout en plantant en février, rabattez la tige à 15 centimètres de la greffe, et mettez de la cire à greffer sur la plaie; seulement, il faut avoir soin en plantant l'arbre qu'il ait un œil bien formé et bien placé du côté où l'on veut avoir la branche oblique. Vous attacherez celle-ci, aussitôt qu'elle pourra l'être, à une petite perche arrêtée solidement et inclinée sur l'angle de 60 degrés, peu éloignée de la ligne verticale. Vous protégerez le développement du rameau en pinçant sur deux feuilles bien constituées tous les bourgeons qui naîtront sur toute son étendue; à l'exception de ceux qui regardent le mur, qui seront supprimés pendant la végétation après avoir été d'abord pincés à 3 centimètres, tous les autres doivent être préparés pour devenir, l'année suivante, des productions fruitières. Avec ces soins, l'arbre as'llonge autant dès la première année que celui que l'on aurait planté obliquement et taillé très long; tandis que souvent la production de la pépinière se trouve endurcie et mal conformée, notre méthode de planter l'arbre droit et de le tailler à 15 centimètres de la greffe obtient un rameau à écorce claire et lisse et mieux disposé à pousser.

En février de l'année suivante, supprimez sur la tige le tiers environ de sa longueur totale, en coupant au-dessus d'un bouton placé en avant. Pendant la végétation, donnez à tous les bourgeons qui se montrent sur la tige les soins que nous avons dits, les pinçant tous, excepté ceux de derrière, qui sont supprimés, sur deux feuilles bien constituées, c'est-à-dire quand ils ont une longueur de 8 à 10 centimètres. Continuez de favoriser le développement de la tige de chaque arbre, en la faisant se garnir tout autour, excepté derrière, de productions fruitières seulement, et en lui faisant suivre le degré d'inclinaison indiqué d'abord.

Lorsqu'elle a parcouru les deux tiers de l'espace qui sépare sa base du sommet du mur, couchez-la sur un angle de 45 degrés; et si elle arrivait trop tôt au sommet parce que le mur n'aurait pas 3 mètres en hauteur, et pour parer un peu à l'inconvénient signalé plus haut, on pourrait incliner ces tiges un peu plus bas que 45 degrés; par là on gagnerait de la place en longueur et on contrarierait un peu la séve. Lorsque toutes les tiges sont arrivées au haut du mur, l'espalier est terminé; alors appliquez à l'extrémité de chacune d'elles le mode de taille indiqué plus haut pour le sommet des branches de la charpente des autres pêchers complétement formés.

Pour ne pas laisser de vide sur le mur, faites comme pour le poirier élevé sous cette forme; commencez cette série d'arbres, du côté opposé où ils sont inclinés, par une demi-palmette à branches obliques : l'arbre qui doit la former est incliné sur son voisin à 30 ou 35 centimètres de lui; il développe à sa base un rameau qui est palissé verticalement; ce rameau en développe d'autres depuis sa base jusqu'à son sommet, que l'on incline en leur conservant la distance qu'ont entre elles toutes les tiges; le mur est ainsi parfaitement garni à cette extrémité de l'espalier. Vous terminerez l'extrémité opposée par une arbre portant une branche-mère placée horizontalement et qui supporte elle-même des branches sous-mères inclinées, comme les autres tiges, sur un angle de 45 degrés. Cette branche-mère est la tige principale de l'arbre qui a été inclinée progressivement, et sur laquelle on a laissé développer ensuite des branches sous-mères, en commençant par les plus éloignées du pied de l'arbre. (*Voyez la figure du cordon oblique du poirier.*) Pour les expositions du levant et du couchant, inclinez les arbres vers le midi, les rameaux à fruit du dessous seront ainsi mieux exposés au soleil.

Pour les soins à donner aux productions fruitières, voyez ci-après, art. 5.

Pour les pêchers auxquels on a appliqué jusqu'ici la taille longue, et dont les branches de charpente sont espacées à 50 ou 60 centimètres, il est facile de les soumettre à la taille courte, c'est-à-dire à la taille à *la Quintinie*. Pour cela on n'a qu'à surveiller, au commencement de la végétation, le bourgeon de remplacement; quand il sera arrivé à une longueur de 8 à 10 centimètres, on le pincera sur deux feuilles bien constituées, et on lui appliquera les autres soins que nous indiquons à l'art. 5. Au printemps suivant, on fera tomber sous la serpette tout ce qui a porté fruit, ainsi que tout le bois sec, et le résultat sera obtenu. Maintenant, pour combler le grand vide qui se voit entre toutes les branches de charpente espacées à 50 ou 60 centimètres, on peut favoriser le développement d'un rameau en dessus de ces branches et près de leur insertion sur le tronc de l'arbre, et faire suivre à ce rameau la ligne intermédiaire entre ces branches, à égale distance de chacune d'elles, c'est-à-dire à 25 ou 30 centimètres, ou bien on poserait un écusson à l'endroit où une branche est nécessaire.

Ou mieux encore, ne pourrait-on pas planter de jeunes pêchers à égale distance de chacun des anciens, dont les branches charpentières sont dirigées horizontalement, et faire arriver chaque branche de charpente des nouveaux entre les branches des anciens et jusque contre le tronc de ceux-ci? De cette manière, le vide laissé pour l'espace, maintenant inutile, de 50 ou 60 centimètres, serait bientôt comblé, la conduite des arbres bien simplifiée, et la fructification plus que doublée.

Nous engageons beaucoup les amateurs à adopter cette restauration.

ARTICLE 4.

De la taille des branches à bois.

La séve dans tous les arbres, mais plus spécialement dans le pêcher, tend toujours à monter; elle développe l'œil terminal d'une branche plus que tous ceux qui sont échelonnés sur sa longueur; ceux-ci deviennent graduellement plus faibles à mesure qu'ils s'éloignent davantage du sommet du rameau et se trouvent plus rapprochés de sa base. Or, la taille ou le raccourcissement des branches a pour but de concentrer l'effort de la séve sur un œil que l'on choisit et qui devient terminal, de lui imprimer une grande vigueur et de donner aux boutons inférieurs une force qui varie selon leur plus ou moins grand éloignement de cet œil terminal. Pratiquée sur des branches fortes, la taille développe en branches à bois les bourgeons destinés à devenir branches à fruit; appliquée à ses branches faibles, dont les bourgeons eussent été stériles, elle leur donne la force nécessaire pour produire des fruits.

On doit donc proportionner la taille à la vigueur de l'arbre sur lequel on l'opère; trop courte, elle donne naissance à des gourmands; trop longue, elle met tout à fruit, arrête le développement de l'arbre et l'épuise. Sur un arbre vigoureux et jeune encore, il est très avantageux de tailler long, parce que sur toute l'étendue de l'arête du bourgeon laissé, un certain nombre de productions de force moyenne, bien espacées, se développeront et garniront convenablement. L'allongement de la taille, qu'on ne l'oublie pas, est d'ailleurs un des moyens les plus sûrs de maîtriser la séve, dont la fougue emportée, dans les jeunes arbres surtout, est pour l'arboriculteur novice une source féconde de déceptions et d'embarras. Au contraire, une taille courte aura pour résultat infaillible de donner naissance, non plus à des rameaux de vigueur modérée et propres à la fructification, mais à une multitude de rameaux fortement constitués, souvent trop rapprochés, et dont l'essor ne pourrait être maîtrisé ni par le pincement, ni par aucune opération complémentaire. On n'aurait plus d'autre ressource que de les supprimer à la taille suivante, ce qui multiplie les plaies, fatigue l'arbre et l'empêche d'avoir des branches bien droites et une forme régulière. Contrairement à la conduite du poirier ou du pommier, dans le pêcher il est donc essentiel de ne tailler court que les branches à bois ou branches de charpente des arbres faibles, parce qu'il est inutile de leur donner un développement qu'elles ne sauraient alimenter : ces branches ne se garniraient pas, et il s'y trouverait un grand nombre de vides qu'il ne serait pas aisé plus tard de combler. Il faut donc tailler court les branches de charpente des arbres peu vigoureux, c'est-à-dire concentrer la séve, peu abondante dans ces sujets souffrants, sur un petit nombre d'yeux, afin d'obtenir d'abord de bons bourgeons de prolongement, et, pendant la végétation, le développement de tous les yeux; puis, quand peu à peu l'arbre aura repris quelque vigueur, on en allongera successivement la taille.

ARTICLE 5.

De la taille des branches à fruit.

Ce ne sont pas seulement les bourgeons de prolongement, les branches de charpente, qui sont soumis à la taille, mais tous les rameaux, quelle que soit leur nature. Le jeune bois du pêcher ne jouit qu'une seule année de la plénitude de la vie, de la puissance de donner soit des fruits, soit de nouveaux bourgeons; dès qu'il les a donnés, il doit tomber sous la serpette de l'arboriculteur et être incessamment remplacé par de nouvelles productions. Or, ces nouvelles productions doivent être toujours prises le plus près possible de la branche de charpente, au talon même du bourgeon supprimé. Toute l'attention du cultivateur doit se porter sans cesse sur ce bourgeon dit de *remplacement*, sans lequel le pêcher ne présentera bientôt plus que des branches veuves de leurs rameaux, et, pour ainsi dire, un squelette complétement dénudé.

Cet accident, qui est souvent sans remède, ne se produira pas si on applique aux rameaux à fruit du pêcher le système de taille dit taille à *la Quintinie* ou taille courte, dont nous faisons voir la facilité et les avantages au commencement de ce chapitre. Quand on veut soumettre un pêcher à cet excellent système, la taille consiste simplement à couper les rameaux qui ont fructifié l'année précédente, le plus près possible de leur base, de manière à conserver seulement un œil près du talon, ainsi que les rameaux à fruit-bouquet développés sur la charpente. Ces rameaux à fruit-bouquet, appelés aussi *bouquets de mai*, sont les productions qui donnent les plus beaux fruits et les plus sûrs; on ne les taille pas, on les laisse de toute leur longueur, qui varie de 3 à 8 centimètres; ces petits rameaux sont garnis tout autour de boutons à fleur et n'ont qu'un œil à bois au milieu. Or, en coupant très court le rameau qui a fructifié, toute l'action de la séve se trouve concentrée vers la base et y fait naître nécessairement de nouvelles productions fruitières, et par conséquent une plus grande quantité de fruits. Mais le procédé à l'aide duquel on obtiendra le plus invariablement ce résultat avantageux, c'est le pincement.

Cette opération a pour objet, pratiquée sur de très jeunes bourgeons, de modérer leur accroissement, de telle manière qu'ils ne puissent recevoir que la quantité nécessaire à la production, soit des branches fruitières, soit des branches à bois utiles à la formation de l'arbre; de ralentir le développement de tous les bourgeons qui poussent trop vigoureusement, dont la végétation deviendrait prépondérante, et de favoriser la croissance des plus faibles, en refoulant à leur profit une certaine portion de séve. Opération toute de prévoyance, elle n'a point d'époque fixe, elle se fait successivement et à plusieurs reprises, non pas tout d'un jour, ce qui serait très nuisible; elle exige, comme nous l'avons dit, un coup d'œil qui durera, pour chaque arbre, une ou deux minutes tous les deux ou trois jours, d'avril jusqu'en août. Le pincement, qui donne la facilité de régler, pour ainsi dire à volonté, la force respective des branches, de les façonner entre ses mains pendant la première durée de la pousse, me semble, dans l'état actuel de nos connaissances et du mode de culture du pêcher, l'opération la plus importante, celle sans laquelle aucun résultat n'est possible.

Pour la taille à *la Quintinie* ou taille courte, le pincement a pour but de ne laisser développer, sur l'étendue des branches de charpente, que des productions fruitières dont la longueur ne dépasse pas 5 à 7 centimètres. Or, voici comment on opère : Lorsqu'après la taille d'hiver, faite comme nous l'avons dit, et au moment où la séve en circulation viendra à développer en bourgeons tous les yeux placés sur l'étendue de la branche de charpente, et lorsque ces bourgeons auront atteint de 8 à 10 centimètres, on pincera leur extrémité herbacée, en ne leur laissant que deux des quatre ou cinq feuilles qu'ils peuvent avoir. Dans le cas où l'une des deux feuilles au-dessus desquelles se doit faire le pincement serait petite, maigre, peu vigoureusement constituée, on pincerait alors à trois feuilles; à l'aisselle de ces deux ou trois feuilles bien constituées, nous ne parlons pas des folioles, se trouvent des yeux latents qui ne manqueront pas de se développer après un temps plus ou moins long, selon la vigueur de la séve. Ils donneront naissance à deux ou trois nouveaux bourgeons qui, ayant atteint 8 à 10 centimètres de longueur, seront également pincés à deux ou trois feuilles, comme le premier sur lequel ils ont fait leur évolution. Les feuilles de chacun de ces nouveaux bourgeons ont aussi à leur base des yeux qui, en se développant, produiraient de nouveaux bourgeons, lesquels seraient à leur tour pincés de la même manière que les premiers, qui leur servent de support. Mais déjà la saison est avancée et la séve a beaucoup perdu de sa force; il arrive souvent que plusieurs de ces yeux s'arrêtent pour se mettre à fruit, tandis qu'un certain nombre d'autres ne se développent que très faiblement. Alors le but est atteint et l'opération terminée. Voilà qui justifie ce que nous disons plus haut, que le pêcher réclame un coup d'œil tous les deux ou trois jours pendant toute la végétation, afin de lui appliquer le pincement à propos; sans cette vigilance incessante, l'opération sera imparfaite ou complétement manquée. Néanmoins, plusieurs fois ne m'étant pas trouvé à temps pour ce pincement, la serpette a fait un peu plus tard ce qui avait été omis, et l'arbre ne s'en est pas mal trouvé.

Ces pincements réguliers et sévères que nous venons de décrire ont eu pour résultat définitif, d'une part de diminuer progressivement la force des bourgeons placés sur l'étendue de la branche, et de l'autre de concentrer toute l'action de la séve vers le bourgeon de prolongement de cette même branche. Ils ont aussi donné lieu à des rameaux peu vigoureux et couverts de boutons à fleur; souvent même ils ont fait sortir sur le vieux bois des yeux adventifs qui se sont transformés soit en coursons, soit en bouquets de mai, cette production si précieuse; on profite de ces jets sortant du vieux bois pour se rapprocher toujours le plus possible de la branche de charpente. Lors de la taille d'hiver, faite en février, on ne conservera que les rameaux à fruit-bouquet de mai placés sur la partie inférieure des rameaux dont on opérera la section; et, à défaut des bouquets de mai, ce qui arrive rarement si le pincement a été bien fait, on fera tomber sous la serpette les coursonnes les plus vigoureuses, pour ne conserver sur chaque point qu'une ou deux des plus faibles et les plus rapprochées de la branche de charpente. Chaque année on répétera le même mode d'opérer. On n'oubliera pas que tous les bourgeons anticipés devront être toujours pincés sur les deux feuilles de la base, afin d'arrêter leur développement et de provoquer à leur insertion sur la branche de charpente la formation de l'œil de remplacement.

Comme dans les autres tailles, les branches de charpente ou la tige principale, selon la forme donnée à l'arbre, sont rabattues en février au tiers environ de leur longueur; ce qui a encore l'avantage pour les arbres vigoureux de faire tomber sous la serpette les bourgeons anticipés qui sont restés vers l'extrémité des branches de charpente, dans une longueur de 40 à 50 centimètres, sans subir aucune opération pour amuser la séve, comme disent les jardiniers.

On nous fait une objection, et l'on nous dit : Par les pincements réitérés vous poussez l'arbre trop à fruit et vous l'épuisez.

Je réponds : Par le pincement j'utilise la séve au profit du fruit; la même séve, qui m'aurait produit une coursonne de 30 à 40 centimètres de longueur, arrêtée à propos, me fera deux ou trois pêches. De même pour les arbres à pépins, au lieu de laisser la séve s'emporter et faire un gourmand de 50 centimètres à 1 mètre de longueur, je la modère par le pincement, et la force à me produire deux ou trois poires.

Appendice sur la taille du pêcher dite ancienne ou longue.

Nous ajoutons ces quelques notions sur la conduite du pêcher suivie le plus généralement jusqu'ici, en faveur des amateurs qui ne voudraient pas l'abandonner entièrement.

Toutes les branches de la charpente du pêcher, n'importe sous quelle forme on l'élève, doivent présenter à l'œil la figure d'une arête de poisson et être garnies de chaque côté, c'est-à-dire en dessus et en dessous, de petites branches, dont les plus fortes doivent être de la grosseur d'un tuyau de plume à écrire, d'une longueur de 25 à 30 centimètres, destinées à donner du fruit, à se renouveler tous les ans, et devant être espacées de 10 à 14 centimètres.

Pour la taille d'hiver pratiquée en février, voyez ce que nous en avons dit plus haut à l'art. 4.

Du dressage et du palissage. — Le dressage s'applique plus particulièrement aux branches de charpente espacées entre elles de 50 à 60 centimètres, et le palissage aux petites branches destinées à fructifier.

Le palissage a lieu d'abord à sec, et il se continue en vert; évitez les vides et la confusion par le croisement. Pour plus de régularité, placez de chaque côté de la branche charpentière des baguettes parallèles à sa direction, pour y attacher les petites branches à fruit qui sont courbées suivant leur force, surtout en dessus, laissant celles du dessous dans une position verticale.

S'il se formait un vide sur une branche principale, on prendrait la petite branche voisine la plus vigoureuse pour la faire courir tout le long de ce vide, et on la traiterait comme une branche de charpente.

De l'ébourgeonnement et du pincement.

L'ébourgeonnement supprime tous les bourgeons anticipés inutiles et même les autres placés devant et derrière, quand ils n'ont pas été réduits à deux feuilles par le pincement. Cette suppression, qui est en général du tiers des bourgeons, se fait quand ils ont de 6 à 12 centimètres, non le même jour, mais au fur et à mesure qu'ils s'allongent, comme le pincement et le rapprochement en vert, pour apporter le moins de trouble possible dans la circulation de la séve et éviter la maladie de la gomme.

Les yeux à bois doubles et triples, que l'on trouve très souvent sur les branches du pêcher, ne produisent pas des bourgeons également forts. On laisse le plus faible quand ces bourgeons sont placés à la partie supérieure des branches, et le plus fort quand ils sont en dessous.

Quant au pincement des bourgeons conservés, on les y soumet dès qu'ils ont 20 ou 25 centimètres, s'ils sont en dessus de la branche ou dans la partie supérieure de l'arbre; mais pour ceux qui sont en dessous ou dans la partie inférieure du pêcher, le pincement ne leur est pas applicable, à moins qu'ils ne s'allongent trop. Si les bourgeons pincés développaient un ou deux bourgeons anticipés, l'on pincerait ceux-ci au-dessus de deux feuilles.

En général, on soumet au pincement toutes les pousses qui menaceraient de désorganiser la charpente en prenant trop de force et en s'allongeant au delà de la mesure de rigueur, qui est d'environ 30 centimètres, et elles sont palissées en même temps.

De la taille d'été ou rapprochement en vert.

Cette taille n'a pas d'époque fixe; elle commence vers le mois de juillet, quand les fruits sont déjà un peu gros sur les arbres forts. Elle a pour but de réparer les inconvénients attachés à la taille d'hiver et au pincement, et pour effet de donner de la force aux bourgeons conservés. Elle se fait aussi après la floraison sur les rameaux qui n'ont pas conservé leurs fruits. Dans ce cas, on rabat le rameau sur le dernier ou l'avant-dernier bourgeon, qui devient celui de remplacement.

Le pincement fait aussi quelquefois naître sur un même point des productions qui forment une réunion de pousses que l'on nomme *tête de saule;* pour éviter une perte de séve, on ne laisse qu'un seul bourgeon.

Pour la taille en vert, on change aussi l'œil terminal de la branche charpentière, dans le cas où cet œil aurait éprouvé un accident et où il n'aurait pas toutes les qualités nécessaires pour bien prolonger la branche. Enfin, ce mode de taille s'emploie avec avantage pour rabattre un bourgeon de remplacement sur un bourgeon anticipé, de manière que la base du rameau de remplacement se garnisse d'yeux à bois et à fleur bien constitués.

Soins à donner aux branches à fruit.

La branche à bouquets ou bouquets de mai, dont la longueur varie de 8 à 10 centimètres, ne se taille pas. Quant aux autres coursonnes à yeux simples, doubles ou multiples, taillez-les, en février, au-dessus d'un œil de pousse à bois pour appeler la séve, laissant au-dessous de la coupe 4 à 6 boutons à fleur; surveillez pour faire développer le bourgeon le plus inférieur, qui est destiné à remplacer pour l'année suivante celui que vous avez taillé, et qui ne donnera du fruit qu'une fois. Si ce bourgeon de la base se développait peu, raccourcissez le rameau, sacrifiez, s'il le faut, une pêche ou deux, pour qu'une séve plus abondante fasse développer ce bourgeon de remplacement, car il faut l'obtenir à tout prix. Il serait même prudent de s'en procurer deux, parce que si l'un venait à périr ou à se développer faiblement, on aurait le second pour ressource. Quand il aura une longueur de 30 centimètres, palissez-le sans le gêner et pincez-le. Si vous rencontrez des branches à boutons simples qui n'ont que quelques fleurs vers le sommet pour n'avoir pas été pincées à temps, taillez-les au-dessus des deux boutons à bois les plus rapprochés de la base, ne tenant aucun compte des fleurs.

Pendant le cours de la végétation, les rameaux à fruit seront ébourgeonnés; conservez les deux bourgeons les plus rapprochés de la base et tous ceux qui accompagnent un fruit; les autres sont coupés à leur naissance. Si les fleurs ne réussissaient pas, rabattez la coursonne au-dessus des deux bourgeons de remplacement aussitôt que vous vous apercevrez qu'il n'y aura pas de fruits. Si, au contraire, les fruits réussissaient, pincez les bourgeons qui les portent dès qu'ils auront atteint une longueur de 15 centimètres, et cela en faveur des bourgeons de remplacement.

Que le pêcher soit soumis à la taille longue ou courte, on ne doit pas lui laisser une trop grande abondance de fruits; un nombre égal à la moitié de celui des rameaux à fruit serait suffisant. L'éclaircie se fait quand les pêches sont de la grosseur d'une noix, et surtout sur la partie inférieure de l'arbre et en dessous des branches obliques ou horizontales. Quand le fruit a atteint sa grosseur, exposez-le à l'influence du soleil, en enlevant en deux fois et par un temps sombre les feuilles qui le couvrent, non en arrachant celles-ci, mais en les coupant et en en laissant une petite portion attenant au pétiole.

Au mois de février qui suit la récolte des fruits, supprimez la branche qui a fructifié par la taille qu'on appelle en crochet. Des deux rameaux de remplacement, le plus éloigné de la branche de la charpente sera taillé à 4 ou 6 fleurs, parce qu'il doit être rameau à fruit, tandis que l'autre, plus rapproché de la base et destiné à fournir le remplacement, est taillé au-dessus des deux boutons à bois inférieurs. Si le rameau le mieux placé pour donner du fruit était dépourvu de boutons à fleur, on le supprimerait, et le rameau inférieur serait taillé au-dessus d'un ou deux boutons à fleur, et servirait à fournir à la fois les fruits et le remplacement. Le palissage se fait comme l'année précédente, ainsi que les autres opérations d'été. On continue chaque année à procéder de la même manière.

Pour rajeunir les coursonnes au bout de quelques années de fructification, et se rapprocher le plus possible de la branche de charpente, au lieu de faire la taille en crochet, on profite du bouton à bois qu'on voit souvent se développer à la partie la plus inférieure des coursonnes; on taille immédiatement au-dessus de ce bouton, en supprimant les crochets des anciennes tailles; il se développe et il est traité pendant l'été comme les autres coursonnes. On aura le même soin pour conserver tous les boutons à bois qui se développeraient à la base des autres et anciennes coursonnes, pour obtenir un rajeunissement avantageux.

Des variétés de pêches bonnes à cultiver.

Nous ne parlerons pas de toutes les variétés de pêchers citées dans les catalogues; contentons-nous d'en indiquer une douzaine, qui sont vigoureux et productifs, et dont les fruits s'échelonnent parfaitement du commencement à la fin de la saison, sont très abondants et d'excellente qualité.

Nous invitons à planter les arbres de suite et dans l'ordre que nous allons décrire; cette attention a bien son importance, soit pour ne pas courir de bout en bout le long de l'espalier quand on veut en cueillir les fruits, les pêches de même saison étant rassemblées, on a tout sous la main; soit pour n'avoir à veiller que sur un seul endroit, s'il s'agit de défendre les fruits ou des hommes ou des animaux; soit enfin pour ne pas tant battre la terre le long de l'espalier quand il y a nécessité de donner de l'eau aux arbres dont le fruit entre en maturité.

Pêche petite mignonne. — Sa maturité arrive, selon les expositions, du 20 juillet au 1er août. Elle se conserve assez bien sur l'arbre.

Grosse mignonne hâtive.— Elle mûrit dans les premiers jours d'août.

Grosse mignonne ordinaire. — Elle mûrit huit ou dix jours plus tard que la précédente.

Grosse noire, galande, Bellegarde. — Elle mûrit en même temps que la grosse mignonne ordinaire.

Pêche de Malte. — Elle mûrit en même temps que la grosse noire, dans la 2e quinzaine d'août.

Madeleine de Courson, Madeleine rouge. — Sa maturité arrive pendant la 2e quinzaine d'août; le fruit est d'autant plus gros que l'arbre est moins chargé, et très laid lorsqu'il y a excès.

Belle Bausse. — Sa maturité arrive dans la 1re quinzaine de septembre.

Belle de Vitry. — Elle mûrit en même temps que la belle Bausse.

Pêche bourdine. — Elle mûrit au 15 septembre.

Pêche brugnon musquée. — Elle réclame une exposition chaude et mûrit la 2e quinzaine de septembre.

Pêche Bonouvrier. — Sa maturité a lieu du 1er au 15 octobre. Pour avoir de plus beaux fruits, il est bon de tailler court ses petites branches, afin de ne pas trop charger l'arbre.

Nous ne disons rien de la pêche *téton de Vénus*, parce que l'arbre est peu productif, que la maturité du fruit est très irrégulière et qu'on a beaucoup de peine à l'obtenir dans les années peu favorables.

Nous ajouterons comme complément à ces variétés : la *déesse hâtive*, qui mûrit à la fin de juillet; *pourprée hâtive*, mi-août; *reine des vergers*, 1er septembre; *admirable jaune*, fin de septembre; *déesse tardive*, 1er octobre.

Pour cueillir les pêches, on les saisit avec les cinq doigts, on les tourne un peu et on les tire à soi; il faut éviter de les presser avec le pouce; on connaît leur maturité par leur couleur et surtout par leur odeur.

ARTICLE 6.

Des maladies, accidents, insectes et animaux qui nuisent au pêcher.

De la cloque. — Cette maladie, qu'il ne faut pas confondre avec une autre qui a beaucoup d'analogie avec celle-ci et qui est causée par les pucerons, a ordinairement pour cause les brusques variations de la température, les pluies froides et les vents arides. Elle se montre principalement sur les arbres qui sont à l'exposition du sud-ouest, et que l'on n'a pas eu soin de protéger par l'abri des auvents.

Dès qu'on remarque quelques feuilles cloquées, c'est-à-dire tachées de rouille, crispées et boursoufflées, le meilleur remède est de couper avec des ciseaux tout ce que chaque feuille a de malade, en laissant attachée au pétiole toute la partie saine. Si un bourgeon était entièrement atteint, on devrait, sans hésiter, le supprimer, de crainte que le mal ne fît d'autres ravages. Ces précautions pourraient bien ne pas suffire, si dès le début de la maladie la protection des auvents ne venait au secours.

De la gomme. — Cette maladie, spéciale aux arbres à fruit à noyau, est une extravasion de la séve qui forme des dépôts entre l'écorce et le bois, s'y coagule et occasionne la désorganisation des parties où elle se montre, si l'écorce ne se fend pas pour livrer un passage au dehors. Elle est produite soit par un excès d'engrais, soit par une suppression générale faite le même jour des bourgeons inutiles, soit même seulement par une inclinaison forcée imposée à un rameau. Que la gomme s'ouvre d'elle-même un passage à travers l'écorce, ou qu'elle produise seulement un gonflement qui soulève celle-ci sans la déchirer, aussitôt qu'on s'en aperçoit, pour l'un et l'autre cas il faut racler les dépôts qu'elle forme en allant jusqu'au vif, et couvrir les plaies de cire à greffer ou d'onguent. Au début du mal, des incisions longitudinales, faites sur les branches au côté opposé à celui où la gomme se produit, réussissent ordinairement assez bien. Mais si la gomme a vicié et l'écorce et l'aubier qui se trouve affecté tout autour, il n'y a pas de remède, il faut couper le rameau ou la branche au-dessous du mal, le tailler sur un œil dormant vigoureux placé en dessus, afin d'obtenir un rameau de remplacement.

Du blanc, meunier ou lèpre. — C'est une espèce de moisissure blanchâtre, attaquant les feuilles, les bourgeons et les fruits. Les pêchers exposés à l'est sont les plus sujets à cette maladie, qui se propage rapidement. Dès son début, il faut, par un temps calme, au coucher du soleil, mouiller les feuilles atteintes et les saupoudrer de fleur de soufre; on renouvelle cette opération tous les huit jours, s'il en reparaît. C'est de juin jusqu'en août que cette maladie se déclare ordinairement.

Accidents. De la gelée.— Voyez ce que nous en avons dit à l'article *abri*, parlant des gelées tardives.

Insectes et animaux nuisibles. — Kermès ou punaises. — Ces insectes, qui ont le corps ovale et aplati, sont gros et rouges après qu'ils se sont formés sous les feuilles, quand on les voit se répandre sur les branches de l'arbre. En brossant fortement les parties où l'on a vu de ces insectes, ainsi que le mur contre lequel l'arbre est dressé, et en taillant de bonne heure, on débarrasse le pêcher d'une grande partie de ces insectes. Si on n'a pas pris cette précaution, au mois de mai on s'aperçoit mieux de leur présence; il faut alors les écraser avant le 15 mai, car on détruit en même temps les mères et leur progéniture. Il est d'autant plus important de détruire les punaises, qu'elles attirent les mouches, les pucerons et les fourmis.

Des pucerons. — Ces petits insectes, trop connus, causent des dommages notables par leur effrayante multiplicité; ils piquent avec leur trompe les jeunes bourgeons du pêcher, dont les feuilles prennent diverses formes contournées et se couvrent d'une liqueur mielleuse, qui y attire les fourmis en grand nombre. Si l'on n'y prend garde, le mal gagnera toutes les parties de l'arbre, qui s'épuisera par une grande déperdition de séve. Nous insistons en faveur de la taille à la Quintinie comme moyen préservatif de la maladie des pucerons.

Aussitôt qu'on remarque quelques feuilles crispées, il faut les froisser sous les doigts pour détruire les pucerons qu'elles renferment. Si l'extrémité d'un bourgeon est attaquée, on doit couper toute la partie atteinte et la broyer sous le pied. Mais, faute de surveillance, on a laissé envahir l'arbre en grande partie : ce qui réussit le mieux dans ce cas-ci, ce sont les aspersions faites avec des décoctions épaisses de tabac; si l'on n'avait qu'un petit nombre de branches à débarrasser, on les immergerait dans un vase plein de cette eau. On pourrait avoir recours aussi aux fumigations. Pour cela, on couvre le pêcher, dont toutes les feuilles auront été mouillées, d'un drap humecté soutenu par des perches placées en avant de l'arbre; sous ce drap, on brûle du tabac à fumer humide, qu'on sème sur un réchaud plein de cendre rouge.

Des fourmis. — Elles sont peu dangereuses si elles ne sont pas accompagnées des pucerons. Un procédé capable d'en détruire un grand nombre c'est de placer, le soir, le long de l'espalier, une planche saupoudrée de sucre râpé, et celui-ci recouvert d'une couche de coton non filé : le lendemain matin, on trouve une multitude de fourmis qui ont été attirées par le sucre et qui sont embarrassées dans le coton; alors on s'empresse de les faire tomber dans un vase plein d'eau. On peut répéter ce procédé plusieurs fois; il nous paraît plus expéditif et plus sûr que l'emploi de petites bouteilles remplies d'eau miellée et suspendues aux branches des arbres. Ce moyen néanmoins a encore ses avantages. Il est bon aussi de bouleverser les fourmilières partout où l'on en trouve, et même de répandre dessus de l'eau bouillante, pourvu qu'elles soient suffisamment éloignées des racines des arbres. Nous indiquerons aussi, comme moyen non pas de détruire les fourmis, mais au moins de les éloigner pour un temps, de placer sur la ligne qu'elles suivent ordinairement de l'ail coupé menu. L'odeur en est tellement désagréable pour ces insectes, qu'ils fuient immédiatement l'endroit sur lequel on a opéré, et que l'effet subsiste même longtemps après que l'ail a cessé de dégager une odeur appréciable.

Limaces et limaçons.—Il faut les chercher le soir, après le coucher du soleil, ou le matin de très bonne heure, avant l'évaporation de la rosée, ou pendant les temps de pluie.

Taupes. — Les taupes bouleversent le terrain et éventent les racines par leurs galeries souterraines. Il faut leur tendre des piéges qu'il est facile de se procurer.

Rats, souris, loirs et mulots. — Ces petits animaux mangent les pêches lorsqu'elles commencent à tourner. On met, avant la maturité, dans de petits pots suspendus au mur, pour que les animaux domestiques ne puissent y atteindre, un appât auquel on a mêlé de la noix vomique; on en détruit aussi beaucoup avec des souricières. On peut faire usage aussi de pâte phosphorée : on l'étend sur du pain que l'on coupe en petits morceaux, en ayant la précaution de ne pas les prendre à la main; on a remarqué que lorsque la main y a touché, ces animaux les laissent de côté. Les mulots mangent, en même temps que les fruits, les jeunes bourgeons du pêcher. Le meilleur moyen de s'en débarrasser est d'enterrer à fleur de terre, de distance en distance, au pied des murs, des pots semi-circulaires, vernissés et à demi pleins d'eau. Ces pots deviennent le tombeau de ces petits animaux lorsqu'ils font leurs courses le long des espaliers.

Des maladies et des insectes qui nuisent aux arbres à fruits à pépins.

Maladies. *Chlorose ou jaunisse.*— Le poirier y est très sujet; les feuilles jaunissent, les bourgeons sont languissants et souvent se dessèchent à l'extrémité. Si elle dure pendant toute la végétation, elle indique l'épuisement du sol. Si elle est due à certaines influences atmosphériques contraires, elle ne présente pas de dangers sérieux, et, pour l'ordinaire, on la verra cesser avec les causes qui l'ont produite. Lorsqu'elle persiste, il faut chercher à ranimer la végétation par des engrais; si ceux-ci sont inefficaces, on doit recourir à la déplantation de l'arbre, en y mettant les soins que nous avons indiqués; ce moyen réussit presque toujours. Quant aux brûlures que l'on remarque au bout des branches pendant les sécheresses, il suffit de supprimer le bois mort, en taillant le rameau vert sur un bon œil en dehors. Souvent c'est un ver qui, renfermé dans l'intérieur de la branche, cause son dépérissement; on doit le rechercher, sans quoi il perdra le rameau en entier.

Chancres. — Tous les arbres, et principalement le poirier et le pommier, y sont sujets; ils annoncent une mauvaise santé ou l'épuisement. S'ils provenaient d'accidents, comme coups, meurtrissures, etc., il serait facile de les guérir : on les raclerait avec un instrument tranchant et on les recouvrirait de cire à greffer. Quand c'est au défaut de vigueur qu'ils sont dus, on enlève toutes les vieilles écorces, on gratte à vif, et on ravale pour obtenir de nouvelles pousses.

Mousses. — Elles entravent les fonctions des arbres et leur nuisent. On s'en débarrasse en les faisant tomber par un temps humide. Le chaulage est aussi un excellent moyen.

Destruction des animaux nuisibles. — Plusieurs de ceux qui nuisent aux arbres à noyau nuisent également aux arbres à pépins. Voyez ce que nous en avons dit à l'article pêcher.

Des oiseaux. — On a imaginé assez récemment un procédé qui réussit fort bien pour les éloigner des fruits : c'est l'emploi de petits miroirs à deux faces, que l'on place au-dessus ou en avant des arbres que l'on veut préserver. On les attache par une ficelle longue, de manière qu'ils flottent au moindre vent. La ficelle est liée à une petite baguette flexible, que l'on fixe par son extrémité opposée, soit aux branches des pleins-vents, soit au treillage des espaliers. Il faut avoir soin que ces miroirs restent suspendus à 30 ou 40 centimètres au-dessus et en avant des feuilles, pour que la lumière frappe sur eux vivement et le plus longtemps possible. Les reflets de la lumière toujours vacillante et brusque effraient les oiseaux et les détournent complétement.

Des pucerons lanigères. — Cet insecte est particulier aux pommiers, qu'il fait périr promptement. Il s'introduit sous l'écorce, et pendant l'hiver une partie se cache en terre autour du collet de la racine. Quand on veut le combattre, il faut déchausser l'arbre pour l'atteindre partout où il se trouve, car il remonte au printemps. Quand on en remarque sur les feuilles d'un arbre, on doit imbiber celui-ci d'eau presque bouillante avec une éponge ; une simple aspersion ne suffirait pas. Il faut répéter deux ou trois fois cette opération pour se débarrasser de cet insecte pour plusieurs années. Ou bien dès qu'on l'aperçoit sûr l'extrémité des bourgeons encore tendres, souvent il suffit de l'écraser sous les doigts, avant qu'il se soit répandu dans l'arbre.

Le poirier est sujet aussi à une espèce de pucerons : dès qu'on remarque quelques feuilles crispées, on doit se hâter de les froisser sous les doigts pour détruire les insectes qu'elles renferment. Toutes les feuilles d'un ou de plusieurs rameaux fussent-elles ainsi crispées, il ne faut pas hésiter de les froisser toutes, même en même temps. Ce procédé m'a toujours réussi.

Des guêpes.—Il est bon de laisser sur l'arbre les fruits qu'elles ont attaqués : pendant qu'elles les achèveront, les autres seront respectés. On détruit les guépiers en y versant de l'eau bouillante ou en y introduisant un linge soufré auquel on met le feu, les vapeurs du soufre étouffent tout l'essaim; on n'opère que la nuit, lorsque les guêpes sont rentrées. Les bouteilles d'eau miellée, à laquelle on ajoute de l'arsenic gris, font périr un certain nombre de guêpes.

Des chenilles. — Il faut avoir soin d'enlever les nids, qui sont toujours placés à l'extrémité des branches d'un arbre, et de les brûler. A mesure que les chenilles éclosent, elles se réunissent par groupe : on choisit le matin pour les écraser; une aspersion d'eau de savon les tue immédiatement. Leurs œufs forment souvent autour des branches des bagues qu'il faut avoir soin d'enlever l'hiver avant l'éclosion.

De la récolte des fruits.

Ceux à noyau doivent être cueillis touchant leur maturité; mais il en est autrement de ceux à pépins, dont la maturation s'accomplit dans les fruitiers. Les poires, les pommes d'été et du commencement de l'automne, doivent être cueillies quelques jours seulement avant leur maturité ; elles perdraient de leur qualité si on les laissait mûrir sur l'arbre.

Quant aux fruits plus avancés en automne, et à ceux d'hiver, l'époque la plus favorable pour les récolter, en grande partie, c'est de la mi-septembre à la mi-octobre, selon que la température a été plus ou moins chaude, que l'époque de leur maturité est plus ou moins reculée, et selon aussi la nature et l'état du sol ; ce qui veut dire que dans un terrain qui a de l'humidité, on cueille plus tard que dans un autre, parce qu'il fournit plus longtemps de la séve. On reconnaît que les fruits doivent être cueillis, lorsqu'un changement de couleur se manifeste sur la peau, qui prend ordinairement une teinte plus ou moins jaune, et par la facilité avec laquelle on les détache, sans briser leur queue, des bourses ou lambourdes, qu'on doit bien se garder en même temps de mutiler, puisqu'elles sont l'espoir des récoltes futures. La chute des fruits sains, non piqués de vers, lorsqu'elle n'est pas provoquée par grands vents, annonce que le moment de commencer la cueillette est arrivé ; mais, en général, quand ils résistent à la main qui cherche à les détacher, à séparer leur queue du point où elle est attachée en les soulevant un peu, il n'est pas temps de les cueillir.

Les fruits les plus avancés sont ceux du bas et du milieu de l'arbre ; ceux du haut sont les plus tardifs, parce que la séve afflue beaucoup plus dans les parties supérieures que dans les inférieures. Il est donc nécessaire de faire la récolte en deux fois et de terminer par celle du haut de l'arbre.

Les fruits cueillis à une époque trop avancée ne se gardent pas aussi longtemps, et souvent leur chair est pâteuse, surtout parmi les poires d'automne; ceux cueillis trop tôt se rident et mûrissent très difficilement, en perdant beaucoup de leur qualité. Nous citerons à ce sujet quelques-unes de nos variétés tardives : le *doyenné d'hiver*, le *doyenné d'Alençon*, le *bon-chrétien d'hiver*, le *beurré bretonneau* et la *fortunée*. Si on cueillait tous les fruits en même temps, il s'en trouverait sans qualité ni saveur, qui se rideraient et pourraient alors se garder d'une récolte à l'autre, et même plus longtemps, ainsi que nous l'avons constaté dans nos fruitiers. Les variétés ci-dessus, ainsi que la *bergamotte Espéren*, la *belle Angevine* et plusieurs autres, doivent être cueillies très tard, c'est-à-dire presque toujours dans la dernière quinzaine d'octobre; mais on ne doit pas attendre que le froid descende jusqu'à trois ou quatre degrés, parce qu'il nuirait à leur conservation.

L'époque de la maturité des fruits n'est pas moins importante à saisir que celle de la cueillette; car il y a des variétés de première qualité qui paraîtraient de deuxième et quelquefois de troisième si on les mangeait trop tôt ou trop avancées.

Les fruits se cueillent par un beau temps; on prévient les contusions et les plaies, qui sont un des principaux obstacles à leur conservation, en les posant doucement dans des paniers et en les retirant avec la même précaution. On les dépose ensuite, les uns à côté des autres et sans qu'ils se touchent, dans le fruitier, qu'on laissera ouvert pendant quelques jours seulement, pour qu'ils se ressuient et que l'odeur produite par leur transpiration puisse s'évaporer.

Le meilleur fruitier est celui où règne constamment une température basse sans être humide, et peu sujette aux variations de l'atmosphère; il doit être, par conséquent, inaccessible à la gelée. Une fois les fruits ressuyés, on doit les priver le plus complétement possible d'air et de lumière. Une cave peu profonde ou un cellier pourraient servir au besoin, pourvu qu'ils fussent secs; s'il en était autrement, comme il faut avant tout éviter l'humidité, qui hâte la décomposition et enlève la saveur des fruits, il serait indispensable d'y laisser pénétrer l'air extérieur, et même mieux d'y établir un courant d'air pour assainir. En pareil cas, les soupiraux devraient rester ouverts et n'être clos que pendant les brouillards, les pluies et les fortes gelées. Les meilleurs soupiraux sont ceux qui sont percés au nord.

Le raisin exige impérieusement, pour sa conservation, un local très sec, comme une pièce intérieure ou même un grenier.

Indépendamment du fruitier, qui a une immense influence sur la conservation des fruits, la nature du sol où ils ont été récoltés y est pour quelque chose; ainsi, ceux provenant d'une terre forte, humide, se garderont moins que ceux d'un terrain léger et caillouteux. Dans les années où il tombe beaucoup d'eau aux approches de la cueillette, les fruits, en général, se conservent encore moins longtemps.

Soins d'entretien du jardin fruitier.

Labour. — Deux labours sont nécessaires pour les terres compactes, l'un en automne, et l'autre au printemps, avant la floraison, jamais pendant qu'elle dure, parce qu'un labour alors la contrarierait. Le meilleur moment est immédiatement après la taille et les palissages; le sol alors ne sera pas exposé à être piétiné et durci. Quant aux terres légères, un labour au printemps seulement est suffisant. Cependant si, par suite de pluies torrentielles, le sol se trouvait battu et durci, un léger labour lui serait très avantageux, pour mieux faire arriver jusqu'aux racines le bienfait de la chaleur et des pluies tièdes de l'été. Ces labours ne doivent jamais pénétrer dans le sol à une profondeur qui dépasse 12 ou 15 centimètres, afin de n'endommager aucune racine; et pour cela, l'instrument le plus propice est le *trident* ou crochet plat à trois dents fortement recourbé. La bèche est meurtrière en ce qu'elle détruit le chevelu des arbres; l'on ne doit jamais s'en servir dans un jardin fruitier. Pendant l'été, on doit avoir soin d'arracher toutes les herbes parasites; elles seront mises au creux destiné à faire le *compost*.

Engrais. — Doit-on placer des engrais dans le jardin fruitier? Je réponds par cette autre question : Doit-on en mettre dans les champs et les potagers destinés à produire, des céréales et des légumes? Les sels de la terre s'épuisant par la végétation des arbres comme par celle des autres plantes, il faut donc les réparer par des engrais pour ceux-là comme pour celles-ci. Pour rendre les engrais plus profitables, il vaut mieux fumer tous les ans en petite quantité; on doit se servir de fumier chaud pour les terres humides et froides, comme est celui de cheval et des volailles; de celui de mouton, le plus gras et le meilleur de tous, pour les terrains secs et maigres, et de celui de vache, qui est froid, pour les terres légères. Afin que ces engrais ne se dessèchent pas si promptement, il est utile d'enlever une bande de terre et de la remplacer par l'engrais, qui sera recouvert de cette terre. Je préfère au fumier les engrais provenant de *gazons*, *bouages* et *compost*. (Voyez à l'article *Défoncement* l'explication de ces mots.)

On peut, et il est très avantageux de joindre à ces engrais ordinaires ceux qui sont de longue durée et bien préférables pour les arbres. Ainsi les os non brûlés mais séchés au four ou au soleil et concassés de la grosseur d'une noisette, les bourres, les râpures de cornes, les chiffons de laine, le cuir, sont des engrais dont l'effet se fait sentir douze ou quinze ans. Les engrais liquides, le purin ou autre liquide équivalent mélangé d'eau par moitié, appliqués aux racines au moment de la végétation, sont très avantageux. Des tourteaux fermentés dans l'eau sont très utiles pour rendre de la vigueur à un arbre, mais l'emploi en est exceptionnel.

Sur quelle partie des racines de l'arbre doit-on appliquer les engrais? On ne doit les appliquer que sur les radicelles, ou spongioles, ou suçoirs, qui se trouvent à l'extrémité des racines, vu que l'arbre ne tire sa nourriture que de ces points extrêmes des racines, et nullement du corps de celles-ci. Pour savoir où gisent les radicelles de votre arbre, prenez-en une des branches, la plus longue, inclinez-la : les radicelles correspondent perpendiculairement à l'extrémité de la branche inclinée. Placez là vos engrais, les recouvrant de terre. Si l'arbre est isolé, ayant avec son appareil de branches un diamètre de 2 mètres par exemple, enlevez une bande de terre en formant une couronne large de 60 centimètres autour de lui, et à 70 centimètres environ du pied; creusez assez, de façon cependant à laisser les racines recouvertes de quelques centimètres de terre; mettez dans cette jauge les engrais à une épaisseur de 10 à 15 centimètres, et recouvrez-les de terre. S'il s'agissait d'un massif, une tranchée pratiquée en tout sens serait nécessaire pour une bonne distribution des engrais. Appliqués sur les radicelles avant la taille des arbres, et lavés par d'abondants arrosements s'il y avait absence de pluie au printemps, les engrais procureront aux arbres une belle végétation.

Préservatifs contre la sécheresse.

Pour un jeune arbre à sa première année de plantation, garnissez le pied d'un bon paillis de 60 centimètres de diamètre, et arrosez ce paillis deux fois par semaine, versant 7 ou 8 litres d'eau chaque fois. Dans les terres compactes, au deuxième été de plantation, pratiquez de légers binages de 4 à 5 centimètres de profondeur au pied de vos jeunes plants; vous répéterez ces binages après chaque ondée de pluie. Pour les terres légères, le paillis et les arrosements seront suffisants.

Pendant les sécheresses prolongées, les arbres chargés de fruits ont besoin de certains soins comme les jeunes plants. Si donc vous voyez les feuilles de ces arbres commencer à s'incliner, et à plus forte raison à se dessécher, couvrez le sol d'un bon paillis tout autour du pied de l'arbre jusqu'à 1 mètre au moins du centre, et après le coucher du soleil, pratiquez, avec l'arrosoir à pomme, de copieux arrosements sur le paillis, versant trois ou quatre arrosoirs chaque fois, puis mouillez aussi les feuilles et l'arbre tout entier du haut en bas. Répétez cette opération une fois ou deux par semaine, tout le temps que durera la sécheresse. Bien entendu que la quantité d'eau doit être en rapport avec la hauteur et l'étendue de l'arbre.

Ce préservatif est surtout nécessaire au poirier dit *beurré d'Aremberg*. Sans même qu'il y ait sécheresse, cet arbre ne peut retenir ses fruits, que l'on voit tomber avant leur maturité. Des arrosements pratiqués de temps en temps sur son écorce et sur ses feuilles, comme nous venons de l'indiquer, lui sont d'une grande utilité. Ainsi l'a constaté et nous l'a conseillé M. Jamin. D'autres praticiens, ayant fait la remarque que cet arbre ne retient et ne conduit à maturité ses fruits que quand la fougue de sa jeunesse est passée, conseillent de faire, au commencement de la végétation, de légères incisions annulaires vers la base de quelques-unes de ses branches de charpente, afin de tirer de lui quelques profits, même dans sa jeunesse.

CHAPITRE VI.

DE LA CULTURE DE LA VIGNE DANS LES JARDINS.

Les variétés qu'on doit choisir de préférence sont le chasselas de Fontainebleau, le chasselas rose, qui ne prend la teinte rose qu'à sa maturité, et le Franckental.

Pour la multiplication de la vigne, nous avons la *crossette*, la marcotte ou chevelée et la greffe.

La crossette est un sarment qui a à son extrémité inférieure un talon ou petite portion de bois de deux ans de la longueur de 1 centimètre; elle se plante en terre couchée dans une rigole, après qu'on l'aura fait tremper dans l'eau pendant quelques jours. On laisse sortir hors de terre un bon œil pour commencer le cep. Elle pousse parfaitement; mais sa fructification n'a lieu qu'au bout de trois ou quatre ans. On doit lui préférer la marcotte, qui reste moins longtemps à donner du fruit. Pour choisir les plus beaux sarments et s'en servir pour faire des crossettes, on doit remarquer ceux qui donnent les plus beaux raisins, afin de les couper après la récolte.

La marcotte ou chevelée se fait au printemps. Choisissez les plus beaux sarments; deux ou trois sur chaque cep; couchez-les sur une longueur de 30 à 40 centimètres dans une rigole profonde de 20 ou 25 centimètres, en leur faisant décrire une légère courbe au fond de la rigole, recouvrez-les de terre et rabattez-les sur un bon œil, en supprimant tous ceux qui se trouvent entre le cep et le point où le sarment entre en terre. Les yeux conservés sur la partie enterrée émettront d'abondantes racines, et à l'automne suivant on pourra sevrer la marcotte du pied-mère et s'en servir pour la plantation.

Les amateurs qui ne regarderaient pas à la dépense pourraient faire venir ou de Thomery, près de Fontainebleau, ou des pépinières, des marcottes nues, prix 30 fr. le cent, ou des marcottes en panier, prix 1 fr. 50 pièce, pesant environ 10 kilogr.; dans ce chiffre, le prix de transport n'est pas compris.

Pour les formes, celle qu'on doit adopter de préférence pour une grande étendue de mur est le cordon horizontal dit à la Thomery. Les cordons sont superposés à une distance de 45 à 50 centimètres; chaque cep ne doit former qu'un cordon, qui a deux bras sous la forme d'un T, de 1 mètre 10 centimètres de longueur chacun. On peut les laisser s'étendre à 1 mètre 50 centimètres et plus chacun, si on a un sol riche ou si on a planté la crossette ou la marcotte à deux mètres du mur, comme le font quelques praticiens; de sorte que le cep se trouve recouché dans une longueur de 2 mètres, ce qui exige plusieurs années pour cette opération, mais aussi ce qui donne à la vigne une vigueur grande et durable.

Pour un mur de 2 mètres 60 centimètres d'élévation, on peut former cinq cordons; pour avoir la distance à mettre entre chaque cep, il faut diviser 2 mètres 20 cen-

Page 175.

Treille en cordon à la Thomery.

timètres, longueur ordinaire des deux bras, par 5, nombre des cordons. La manière de tiercer n'est pas indifférente : le premier cep doit former le premier cordon, le plus rapproché du sol; le deuxième cep formera le troisième cordon, le troisième cep formera le cinquième, le quatrième formera le deuxième, et le cinquième formera le quatrième cordon. (Voyez la figure.)

Sous cette forme, le cep de la vigne court sur un fil de fer fixé au mur, de sorte que les cordons sont espacés entre eux de 45 à 50 centimètres; mais un fil de fer intermédiaire est nécessaire pour attacher les coursons et les soutenir jusqu'à ce qu'on puisse les fixer au cordon qui leur est supérieur. Pour former un cordon à la Thomery, une bifurcation doit se faire à la partie supérieure du cep, à l'endroit où il doit former cordon, de manière à représenter un T. Pour obtenir ce résultat, on courbe le bourgeon de prolongement de la tige juste à l'endroit où le T doit être formé, en ayant soin qu'il se trouve un œil sur la courbe, et on pince sur un œil le bourgeon courbé. Par suite du pincement, ce bourgeon se trouve momentanément arrêté dans sa croissance; la séve, concentrée sur l'œil qui est au sommet du coude, le fait développer en faux bourgeon; quelque temps après, l'œil du bourgeon courbé qui a reçu le pincement part en faux bourgeon aussi; on les palisse tous deux en les maintenant en équilibre de végétation. Le cordon double formant un T se trouve ainsi constitué. (Voyez la figure.)

Pour former le cordon en T, on peut encore procéder de la manière que nous indiquons pour obtenir sur la treille en palmette des coursons opposés. (Voyez ci-après.)

Une autre forme avantageuse et facile est la palmette appliquée ou contre un mur d'élévation de deux mètres, ou dans un espace étroit mais élevé, comme entre les ouvertures d'une maison. Contre un mur, les ceps sont plantés à 35 centimètres les uns des autres : le premier garnira le mètre du bas du mur, le second le mètre du dessus, ainsi de suite. De cette sorte, chaque palmette n'aura qu'un espace de 1 mètre d'élévation qui soit garni de coursons; lui en donner davantage, c'est appauvrir les coursons inférieurs, vu que la séve tend toujours vers la partie supérieure. (Voyez les figures A et B.)

Presque tous les sols conviennent à la vigne; cependant elle se trouve mieux dans une terre de moyenne consistance, un peu pierreuse, propre à s'échauffer facilement et à laisser les eaux s'égoutter promptement. Pour la plantation, défoncez la plate-bande à un mètre de profondeur sur un mètre vingt centimètres de largeur; mettez dans toute la profondeur et largeur bonne terre bien mélangée d'engrais et d'amendements, à une exposition convenable : la meilleure est le sud-est, soit pour éviter les vents frais du nord, soit pour préserver la treille des pluies du sud-ouest; car il serait à désirer que la treille ne reçût jamais une goutte de pluie; pour l'en préserver autant que possible, on pratique un chaperon au-dessus du mur, faisant saillie de 30 à 40 centimètres. Un sol calcaire et brûlant est ce qui convient aux treilles.

Pour planter la marcotte ou chevelée, pratiquez une jauge ou petit fossé de 40 centimètres de profondeur et autant en largeur, à la distance de 30 centimètres du mur; mettez au fond une couche de crottin frais de cheval de 10 centimètres d'épaisseur, mélangé avec la terre par moitié. Sur ce lit ainsi préparé, placez les chevelées en les espaçant de 70 centimètres, et inclinez par un couchage le sarment dont elles sont pourvues, de manière que ce sarment traverse la tranchée se dirigeant du côté du mur, dont il se trouvera, après l'opération, à 30 centimètres. Il faut avoir grand soin de ne laisser sortir de terre qu'un œil, qu'on laisse encore à 12 ou 15 centimètres au-dessous de la superficie du sol; pour qu'il soit protégé, vous mettrez à cette épaisseur de 12 à 15 centimètres un bon paillis que les pluies laveront au profit des racines. Vous obtiendrez un beau sarment que vous ne laisserez pas dépasser la longueur de 50 centimètres, vous en retrancherez tous les bourgeons anticipés autant de fois qu'ils se produiront, ne lui laissant que la feuille qui accompagne chaque bosse. Le sarment sera fixé à un échalas. L'année suivante, le sarment est taillé à trois bosses, y compris celle du talon; les trois sarments qu'elles produiront seront traités comme celui de l'année précédente, c'est-à-dire qu'on enlèvera les bourgeons anticipés et qu'on donnera les binages nécessaires.

Au mois de mars de l'année suivante, on supprimera un sarment, ayant soin de conserver les deux plus vigoureux; ces deux sarments seront recouchés, et leurs pointes dirigées au pied du mur. Pour cela faire on creuse en dessous, de façon que le cep qui les porte descende de lui-même dans la fosse, celle-ci est ensuite comblée de terre meuble et mélangée d'engrais. Les deux sarments sont espacés entre eux de 35 centimètres pour les treilles en palmette, et dirigés verticalement contre le mur. On ne fait sortir de terre qu'un œil de chacun.

Mais, dira-t-on, on a quelquefois des marcottes qui ont des ceps de 1 mètre et souvent de 2 mètres de longueur : pourquoi ne pas recoucher de suite ces ceps dans toute leur longueur et faire arriver leur extrémité immédiatement au pied du mur?

Ce serait un abus. Le cep ne pousse de racines qu'en proportion des bourgeons et des feuilles de sa tige; recoucher une longueur de 1 ou 2 mètres, on n'aura des racines qu'aux deux extrémités, les anciennes à la partie inférieure du cep, et de nouvelles à la partie voisine de la superficie du sol; toute la partie intermédiaire du cep, sur une longueur de 70 centimètres et plus, selon son étendue, sera complétement nue. Ainsi l'a constaté à Rouen M. du Breuil, dans une plantation qu'il avait faite lui-même ainsi par erreur plusieurs années auparavant.

La greffe.— La meilleure est en fente, avec un sarment dont le talon en bois de deux ans, d'environ 1 centimètre de longueur, plonge dans le sol et y prend racine. Pour ce mode de greffe, on déchausse la souche à une profondeur de 20 à 30 centimètres, on la coupe en biseau très allongé, on la fend à peu près vers le tiers supérieur du biseau; on prend ensuite un sarment coupé un mois à l'avance et que l'on aura enterré complétement; ce sarment a 30 centimètres de longueur, y compris son talon d'un centimètre de bois de deux ans; on en enlève l'écorce versle milieu de sa longueur, dans une étendue de 4 ou 5 centimètres; on l'entaille de façon que la partie soulevée puisse entrer juste dans la fente de la souche coupée en biseau, faisant coïncider les écorces du sujet

Page 179.

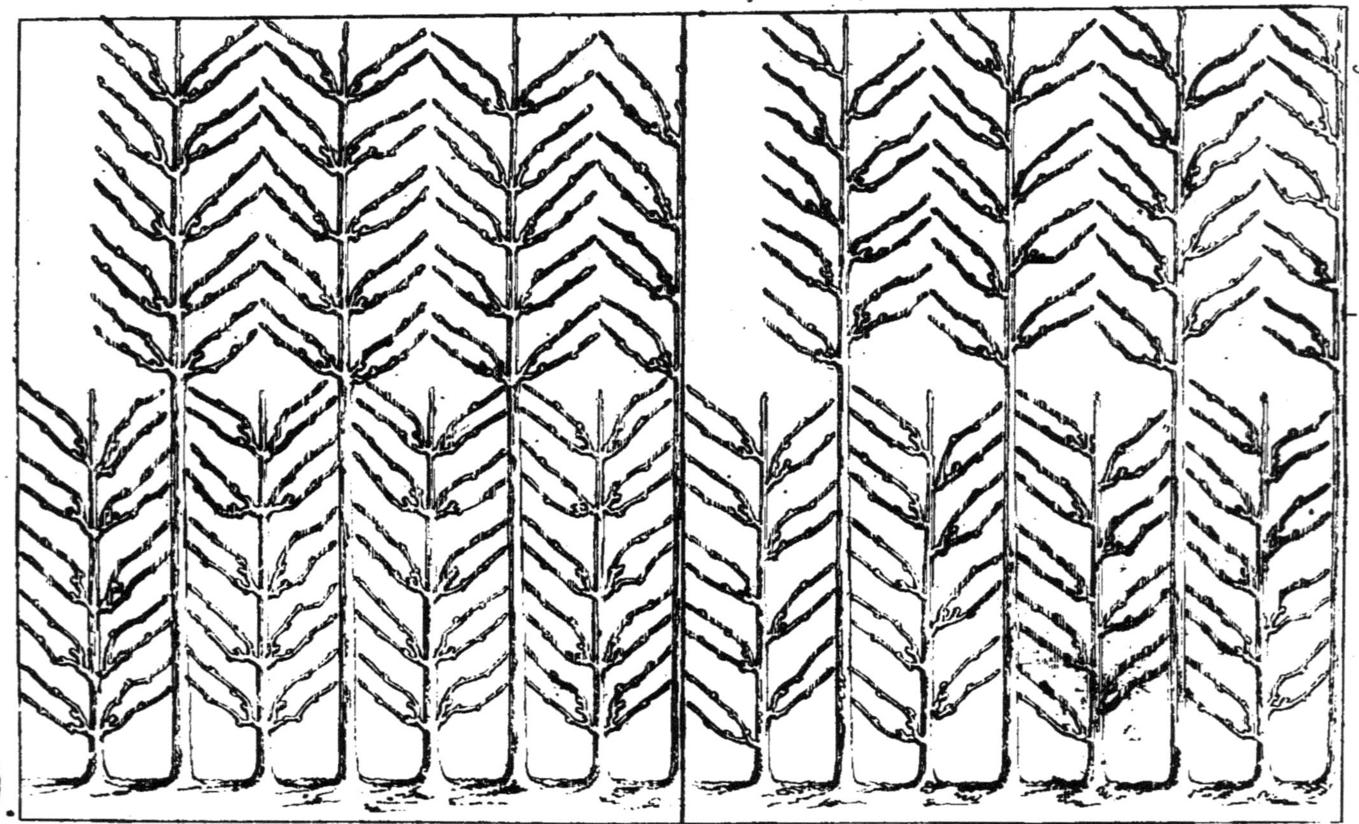

Treille en Palmette à coursons opposés A. Treille en Palmette à coursons alternes B.

et de la greffe; on ligature, on enduit de cire à greffer ou d'onguent, et on remet la terre de façon qu'une bosse de la greffe sorte du sol. Si la souche est grosse, fût-elle comme le bras ou plus grosse, on y place une greffe de chaque côté du biseau.

Treille en palmette ou coursons opposés.

Nous sommes arrivés au pied du mur, c'est-à-dire que les sarments ont été couchés à la place qu'ils doivent occuper définitivement, à 35 centimètres les uns des autres. Alors on taille au-dessus du troisième œil : trois bourgeons se développent, et lorsqu'ils ont atteint 15 centimètres, on enlève les bourgeons anticipés, ainsi que les vrilles, qui deviennent inutiles par suite des fils de fer placés d'avance pour les palissages et superposés à 25 centimètres les uns au-dessus des autres.

Maintenant il s'agit de former la première paire de coursons parallèles ou opposés. (Nous parlons pour les ceps verticaux qui doivent garnir la moitié inférieure du mur.) (Voyez la figure A.)

Pour cela, on choisit celui des trois bourgeons qui amène une feuille vis-à-vis le premier fil de fer, à 30 centimètres du sol, point où cette première paire de coursons doit être placée. Alors on pince au-dessus de cette feuille : la séve arrêtée fait développer presque immédiatement un bourgeon anticipé ou aileron, que l'on surveille pour l'abattre complétement lorsqu'il aura atteint une longueur de 5 à 6 centimètres. Il est nécessaire d'abattre cet aileron; sans cette précaution, on n'obtiendrait qu'un seul bourgeon vertical, et les deux parallèles manqueraient totalement. La séve, arrêtée de nouveau par la suppression de l'aileron, fait gonfler des yeux adventifs, et presque toujours une bourre se développe, laissant voir à sa base des boutons très beaux, susceptibles de donner au printemps suivant des bourgeons et même des contre-bourgeons. Il arrive alors qu'à la taille suivante on est suffisamment pourvu pour trouver facilement, d'abord le bourgeon vertical destiné à continuer la tige, puis deux bourgeons opposés qui, taillés à deux yeux, fourniront la première paire de coursons demandés. Quant aux deux bourgeons laissés entre le sol et la première paire de coursons, ils sont pincés sévèrement, afin de laisser le plus de séve possible au profit de la tige et des coursons; à la taille suivante, on les supprime complétement. (Ce procédé est aussi mis en usage pour obtenir la forme en T pour les treilles en cordons; seulement on n'a pas à se préoccuper d'un sarment vertical pour prolonger la tige, vu que sous cette forme chaque cep ne doit former qu'un étage pour obtenir une bonne formation.)

Revenons à la palmette. Lorsque le bourgeon central s'allonge, on surveille le moment où il amène une feuille vis-à-vis le second fil de fer, à 25 centimètres du premier étage, c'est-à-dire à l'endroit où l'on veut avoir la deuxième paire de coursons; alors on le pince pour recommencer la même opération, et ainsi de suite chaque année.

Pour ceux des ceps qui doivent garnir la seconde moitié du mur et commencer à développer des coursons à partir de ce point, on allonge la taille de 50 à 60 centimètres, et, arrivé là, on procède comme pour le bas, et dès lors on ne laisse absolument rien pousser le long du cep dans toute la longueur du mètre inférieur.

Nous avons dit qu'on avait taillé les coursons à deux yeux : la limite de la taille n'est cependant pas indifférente, elle dépend des espèces. Pour les races moins vigoureuses, les chasselas par exemple, on peut tailler très court, à deux yeux seulement, dont le premier presque sur le talon. Mais pour les muscats et le Frankental, variétés très vigoureuses, il est bon de tailler à trois yeux. Puis, lors de l'ébourgeonnement, on conserve des deux les plus éloignés du cep celui qui est pourvu d'une grappe, et celui qui est le plus près du talon pour la branche de remplacement. De cette manière, lors même qu'on a taillé sur trois yeux, on évite d'allonger les coursons.

On ne doit laisser qu'une grappe par courson; si les deux bourgeons produits par le courson étaient pourvus chacun d'une grappe, ce qui arrive quelquefois, on supprimerait complétement le plus éloigné, pour réserver toute la séve au profit du bourgeon de remplacement et du fruit tout à la fois; à plus forte raison quand ce bourgeon, le plus éloigné, n'a pas du tout de grappe; dans ce cas, il est toujours supprimé.

Il arrive très rarement, mais quelquefois pourtant, que, malgré le procédé indiqué, on n'obtienne pas les trois bourgeons nécessaires pour la paire de coursons opposés et la continuation de la tige verticale. Dans ce cas, on ne prend qu'un courson d'un côté, l'autre bourgeon étant indispensable pour continuer la tige, et l'on obtient l'autre courson par la greffe en approche herbacée.

Cette forme à coursons opposés, que nous venons de décrire, est un peu de fantaisie; la palmette à coursons alternés suivant la nature nous semble préférable, parce qu'elle est plus facile à obtenir et qu'elle exige moins de surveillance. Pour la former, procédez de la même manière pour la plantation et la direction verticale, sans vous préoccuper du soin d'obtenir des coursons opposés, vous contentant de les recevoir alternés comme la divine Providence vous les enverra. Pour la taille, vous suivrez la ligne verticale, prenant chaque année une paire de coursons alternés, et bientôt votre mur sera tapissé de bas en haut et dans toute sa longueur. (Voyez figure B.)

Epoque de la taille de la vigne.

Le moment le plus favorable pour tailler la vigne est, sous notre climat, les mois de février et de mars. Cette opération doit se faire après les grands froids et avant l'ascension de la séve; il importe d'éloigner la coupe de l'œil à un centimètre environ. Nous extrayons du *Salinois* du 1er mars 1857 les lignes suivantes sur l'époque de la taille de la vigne, et nous les consignons ici à titre de renseignements importants.

« Notre compatriote, M. Pelletier, d'Aiglepierre, nous adresse de la Charente-Inférieure, où il dirige une grande exploitation agricole, les observations suivantes sur l'époque où la vigne doit être taillée. Nous les publions avec d'autant plus de plaisir qu'elles nous paraissent pleines de justesse et qu'elles ne sauraient venir plus à propos.

» Presque toute la Franche-Comté taille de bonne heure, circonstance qui active la pousse de la vigne, et souvent la gelée emporte le bouton naissant.

» La Saintonge et l'Aunis, ces vastes vignobles, taillaient aussi de très bonne heure; comme la Comté, ils essuyaient de nombreux mécomptes.

» Des vignerons plus heureux ou mieux avisés taillaient toujours en bourgeons; constamment ils obtenaient de passables, souvent de magnifiques récoltes, alors que les voisins ne récoltaient rien du tout.

» La masse des propriétaires, frappée de cette particularité, a pris la mesure, depuis cinq ou six ans, de ne tailler qu'en bourgeons naissants. Tous les villages qui ont adopté ce moyen font des récoltes fabuleuses; on connaît des fiefs qui ont donné 40 à 50 hectolitres à l'hectare, alors que des aboutissants, taillés de bonne heure, obtenaient à grand'peine 8 ou 10 hectolitres.

» Deux raisons physiques et physiologiques expliquent ce phénomène : l'une, que la taille tardive arrête momentanément la pousse, par la perte considérable de la séve qui s'échappe de toutes les plaies; l'autre, que les grands sarments, surtout dans les vignes fortes, sont une sorte d'écran qui empêche l'action extérieure du rayonnement, comme l'a si bien expliqué M. Ch. Toubin dans son excellent article sur l'opportunité de maintenir au-dessus des vignes une couche de fumée au moment où la température s'abaisse au-dessous de zéro et même à zéro. »

Taille de la branche de charpente. — Il serait dangereux de trop allonger la taille sur la branche de charpente. Si on taillait long, la séve, se portant aux extrémités, négligerait les yeux placés près de la base du sarment; ceux-ci alors ne s'ouvriraient pas ou très faiblement; on perdrait ainsi les coursons, ce qui donnerait des vides. Ce n'est qu'en établissant lentement les coursons qu'on les obtient robustes. Quelle que soit la vigueur de la vigne, on ne taillera donc point les branches de charpente au delà du quatrième œil. Prendre chaque année deux bosses en dessus, espacées de 15 ou 20 centimètres et taillées sur un œil en dessous, pour maintenir le cordon à la direction horizontale, serait une longueur bien suffisante. (Voyez la figure, au point *a*, *a*, 1re taille; au point *b*, *b*, 2e taille.)

Taille des coursons. — Comme dans le pêcher, la branche à fruit dans la vigne demande à être renouvelée; mais ici il est très facile de se procurer le bourgeon de remplacement. Ainsi, le courson à tailler est rabattu sur le deuxième œil, y compris celui du talon; c'est ce dernier qui donnera le nouveau sarment, sur lequel on taillera l'année suivante : ainsi de suite chaque année.

Ebourgeonnement et pincement. — Il est avantageux, pour donner de la vigueur à la treille, de supprimer avant la floraison les vrilles, ainsi que tous les bourgeons inutiles, quand ils ont une longueur de 20 c. et quand ils se montrent alentour des cordons, excepté en dessus. Pour la partie supérieure des cordons, ce n'est qu'après la floraison et jamais pendant qu'elle dure, qu'on doit supprimer les bourgeons inutiles. Sur deux coursons, il faut conserver de préférence celui qui est le plus rapproché du vieux bois. La fleur étant passée, supprimez les vrilles, les bourgeons anticipés, autant de fois qu'ils paraissent sur les coursons, pour conserver toute la séve, soit aux raisins, soit aux bosses destinées à produire l'année suivante. Toutes ces suppressions portent sur tout ce qui se montre sur la branche de charpente, soit en dessous, soit devant ou derrière, et tout cela en faveur des coursons qui sont en dessus, qui seuls portent du fruit et qui sont espacés de 15 à 20 centimètres; tout ce qui se produirait dans cet espace de 15 ou 20 centimètres qui les sépare, devrait être supprimé, et les coursons ne doivent porter que le fruit et leurs anciennes feuilles. Le palissage se pratique à mesure que les coursons s'allongent. Lorsqu'ils sont arrivés à la limite qui leur est assignée par la forme de la treille, on les pince. Le pincement concentre la séve vers leur base, les fait grossir et aide à la maturité du sarment et de la grappe, qui devient plus belle. Les bourgeons anticipés qui résultent de ce pincement sont soigneusement supprimés. La limite de chaque courson ne doit pas dépasser 40 ou 50 centimètres.

Soins à donner aux raisins. — Lorsque les raisins ont passé la fleur et qu'ils offrent des grains de la grosseur de tout petits pois, une opération est indispensable, c'est d'enlever avec des ciseaux le tiers de ces grains. Ce qui reste devient beaucoup plus beau et arrive quinze jours plus tôt à maturité; on gagne au delà, en grosseur et en poids, de ce que l'on perd en quantité. En même temps que l'on fait cette opération, on enlève quelques feuilles, celles qui touchent au mur, qui paraissent mettre de la confusion et qui sont inutiles. Plus tard, lorsque le raisin commence à s'éclaircir ou qu'il claire, on enlève encore des feuilles, mais en ayant soin d'en laisser assez contre le raisin pour le couvrir et lui former ce qu'on appelle le *parasol*. Et enfin, lorsque les grains sont mûrs ou touchent à leur maturité, on enlève le parasol lui-même. Ces deux opérations du cisellement et de l'effeuillaison sont très importantes, si l'on veut avoir des raisins mûrs de bonne heure et d'une qualité supérieure.

Rajeunissement. — Si le cep est encore vigoureux, on peut le recéper à 25 centimètres du sol, et ne conserver qu'un sarment de tous ceux qui pourraient percer le vieux bois. Puis, pour faire acquérir à ce sarment encore plus de vigueur, on enlève sur la plate-bande une bande de terre jusqu'aux racines, qu'on a bien soin de ménager, et on la remplace par de la terre amendée convenablement. Si, au lieu d'un cep, on avait besoin de deux à côté l'un de l'autre, on conserverait deux sarments au lieu d'un, et au printemps suivant on recoucherait, en enlevant une bande de terre de 35 à 40 centimètres, et on amènerait chacun des sarments à la place où l'on a besoin d'une tige verticale.

Maladies de la vigne. — Pour faire périr ce petit insecte qui a la forme d'une petite coquille, d'où s'échappent au printemps une multitude d'autres petits insectes, on enduit le sarment d'un mélange de chaux vive, de savon noir et de lessive.

Pour l'oïdium, on prend simplement de la fleur de soufre, que l'on répand à sec sur le sarment, les feuilles et le raisin. Cette opération doit se répéter trois fois : au moment de l'épanouissement des raisins, au moment où ils ont atteint la moitié de leur grosseur, et au moment de leur grosseur complète. La vigne, loin d'en souffrir, en acquiert beaucoup plus de vigueur : cette opération a donc tous les avantages ; mais il faut, autant que possible, la pratiquer sous l'influence du soleil.

Il nous semble que le marcotage est, ainsi qu'on nous l'a affirmé, un excellent remède contre l'oïdium. Il se pratique comme nous l'avons déjà indiqué au commencement de ce chapitre.

Avec la culture de la vigne en treille, on pourrait aussi, dans un jardin assez vaste, la cultiver dans un lieu à part, en n'y admettant que des plants fins, destinés à faire du vin de *garde*. Pour cette sorte de culture, nous recommandons instamment le mode d'échalassement que nous venons d'étudier et d'admirer dans plusieurs jardins de notre voisinage, et que nous voudrions voir pratiquer dans toutes les vignes basses qui réclament un soutien quelconque. Mis en usage dans un jardin, avec des supports de bois peint en vert, ce système qu'on appelle *nouveau*, mais que nous savons être déjà ancien dans plusieurs localités, donne à la vigne un aspect très agréable, en même temps qu'il apporte au propriétaire et au vigneron une économie considérable, jointe à plusieurs autres avantages incontestables.

D'après des calculs faits avec impartialité par des viticulteurs distingués, aidés d'une sage expérience de plusieurs années, il demeure établi que l'échalassement des vignes fait en fil de fer fortement tendu remplace avec de grands et solides avantages l'échalassement pratiqué jusqu'aujourd'hui au moyen de perches et d'échalas en bois.

D'abord on n'aura plus à se préoccuper du soin d'échalasser au printemps et de déchalasser en automne; tout le travail se réduira à tendre, au moyen des raidisseurs, tous les fils de fer après l'hiver, et de les détendre un peu après la récolte. Ensuite on trouverait une augmentation des produits jointe à une culture plus facile, à une maturité supérieure et à une récolte plus expéditive. Avec ce système, la vigne est moins exposée à la gelée, à la grêle et à la pourriture, la surveillance y est beaucoup plus sûre, les anticipations n'y sont plus possibles, les engrais mieux appliqués y sont plus profitables, et enfin ce mode introduit dans la vigne tout à la fois beauté, ordre, propreté, et apporte au vigneron une économie considérable pour frais d'établissement, tout en exigeant de ses soins un entretien presque nul. Car, d'après la comparaison qui a été faite du prix de revient de l'une et de l'autre manière de soutenir la vigne, l'échalassement en bois durable (en cœur de chêne), coûte 75 fr. pour une ouvrée, ou parcelle de quatre ares quarante-cinq centiares, et le chiffre énorme de 1,700 fr. pour un hectare; tandis que le même échalassement pratiqué en fil de fer ne coûte que 20 fr. pour la parcelle de quatre ares quarante-cinq centiares, et 460 fr. pour un hectare. Il résulte, par le système que nous préconisons, pour premiers frais d'établissement, l'économie bien marquée de 55 fr. pour une parcelle de quatre ares quarante-cinq centiares, et pour un hectare le chiffre éloquent de 1,240 fr. Nous garantissons ces calculs exacts, et plutôt au-dessous de la vérité qu'exagérés. Sans doute, dans les contrées très boisées, le prix de l'échalassement en bois pourrait rester un peu au-dessous du chiffre que nous venons de donner, mais nous soutenons que partout ailleurs il atteindra toujours ce chiffre, vu que nous n'entendons pas parler d'une essence de bois autre que le chêne, et le cœur de chêne en en excluant la partie de bois blanc. Car il ne s'agit pas d'échalasser la vigne pour quelques années seulement, mais pour une durée convenable : autrement les frais d'entretien deviendront encore plus élevés. Ils sont déjà, calcul fait pour chaque année, au chiffre de 3 fr. 35 c. pour la parcelle de quatre ares quarante-cinq centiares, et pour un hectare à 85 fr. 50 c. ; tandis qu'avec notre système ils ne se montent qu'à 10 c. pour la parcelle de quatre ares quarante-cinq centiares et à 1 fr. 75 c. pour un hectare, ce qui nous donne une économie de 3 fr. 25 c. pour la parcelle chaque année, et pour l'hectare 83 fr. 75 c. On ne sera pas tenté de révoquer en doute ces calculs, quand on saura que les fils de fer choisis au n° 12 ou 14, galvanisés ou non et bien établis, peuvent, sans nouveaux frais, durer quarante ans et plus, et que les piquets et échalas de support peints à l'huile ou goudronnés se conservent fort longtemps.

En agriculture, la vraie science consiste à obtenir les produits les meilleurs et les plus abondants avec le moins de frais possible ; cette considération bien méditée nous donne la confiance que le propriétaire et le vigneron n'hésiteront pas à adopter le système que nous leur proposons, surtout après avoir lu la description claire et méthodique que nous allons en donner, évitant les quelques défauts que nous avons remarqués dans l'application de ce système dans les vignes de notre voisinage.

Pose des fils de fer.

Il convient de diriger les lignes dans le sens de la plus grande longueur du terrain.

Votre vigne, je suppose, est soutenue par des perches placées en lignes à 30 centimètres du sol, et sur elles le sarment est recourbé, portant son fruit à 30 ou 40 centimètres du sol. Supprimez toutes ces perches, ainsi que les petits échalas qui les supportent. Plantez, aux deux extrémités de chaque ligne de ceps, un fort piquet fait de cœur de chêne, non aiguisé, durci au feu ou goudronné, de façon que ces deux piquets s'élèvent à 35 centimètres environ au-dessus du sol. Si l'on avait facilement des pierres longues, elles pourraient remplacer avantageusement à chaque extrémité les piquets en bois. Au milieu de la ligne, plantez un pieu équarri et d'une épaisseur suffisante pour recevoir la broche en fer, ou la vis à bois, faisant les fonctions de raidisseur, tel que nous l'avons décrit à l'article *Treillage*. Ce pieu s'élèvera à 40 centim. environ au-dessus du sol. Si l'on pense qu'il y aurait augmentation de dépense à se servir du pieu équarri pour pouvoir faire usage des raidisseurs économiques que le commerce livre à 3 fr. 50 c. le cent, on pourrait adopter les raidisseurs à 20 ou 25 fr. le cent qui n'exigent pas de supports. Pour soutenir le fil de fer de distance en distance, vous planterez solidement et parfaitement en ligne droite, tous les quatre ou cinq mètres, un fort échalas aiguisé, durci au feu ou goudronné, s'élevant au-dessus du sol à un mètre environ, afin qu'on puisse l'aiguiser plusieurs fois et le faire servir plus longtemps. Si la terre était dure, on ferait un trou assez large et assez profond pour recevoir l'échalas, au moyen d'une broche en fer ou en bois dur. Si on admettait une distance plus longue que de 4 ou 5 mètres entre les échalas de support, ce serait une faute, comme nous l'avons constaté ; le poids des sarments, chargés de leur feuillage et de leurs fruits, pourrait incliner jusqu'à terre les fils de fer même suffisamment tendus. Plantez dans chacun de ces échalas, à 30 centimètres du sol, une pointe à crochet, que vous enfoncerez entièrement quand le fil de fer y sera placé. Prenez du fil de fer nº 12, ou le nº 14, qui est plus fort; qu'il soit galvanisé, il sera d'une plus longue durée, mais aussi d'un prix plus élevé. — Le fil de fer ordinaire, moins coûteux que celui qui est galvanisé, pris au même numéro, offre néanmoins pour l'usage une garantie de durée suffisante, pourvu qu'il ne touche pas le sol, qui l'oxyderait et l'userait promptement. Du reste, la légère teinte de rouille qu'il prend à l'air est un inconvénient sans importance qui ne nuit en rien à sa durée : la preuve en est dans celui dont on fait usage depuis de longues années pour soutenir la vigne en treille.

Une personne tient la botte à l'une des extrémités de la ligne. Prenez-en le bon bout, il se déroulera facilement ; passez-le dans tous les crochets fixés aux échalas, puis dans le trou de la broche ou de la vis, fixée d'avance au pieu planté au milieu de la ligne, à 30 centimètres du sol, puis dans les autres crochets, et arrêtez-le au piquet de l'autre extrémité à 30 centimètres du sol; et vous reviendrez, en enfonçant entièrement les pointes à crochet dans les échalas, pour le tirer fortement et l'arrêter au piquet de l'extrémité par où vous aurez commencé. Quelques jours après, ou mieux au moment d'accoler, vous ferez faire un tour à la broche ou à la vis à bois, au moyen d'une clef ou d'une manivelle qui doivent toujours accompagner les raidisseurs lors de leur acquisition, et le fil de fer, que les influences atmosphériques avaient un peu relâché, se trouvera suffisamment tendu.

Vous procéderez de la même manière pour toutes les autres lignes. Si celles qui limitent la propriété n'étaient pas régulières, on pourrait faire des lignes brisées; si elles sont courtes, on se dispenserait d'y placer un raidisseur, en tirant fortement le fil de fer à un bout à l'aide de tenailles, et en répétant l'opération quand il sera nécessaire. Si on a des lignes courbes, il est à propos de planter, au milieu de la ligne, des piquets plus solides que les échalas ordinaires de supports.

Pour accoler les sarments de chaque cep, il est avantageux de leur donner à tous la direction horizontale sur le fil de fer; si on en laissait monter un verticalement, il pourrait végéter avec vigueur au détriment des autres.

Mais votre vigne, je suppose, est supportée verticalement par des échalas d'environ un mètre de hauteur; vous voulez remplacer ceux-ci par des lignes de fils de fer : procédez, pour la pose, comme nous venons de le dire, sauf quelques modifications. Les forts piquets des extrémités de chaque ligne devront avoir 70 centimètres en hauteur du sol au sommet, ainsi que le pieu équarri placé au milieu pour recevoir le raidisseur; les forts échalas de support, placés à la distance de 4 ou 5 mètres les uns des autres, auront 1 mètre ou 1 mètre 30 centimètres au-dessus du sol, pour pouvoir être aiguisés plusieurs fois et servir plus longtemps. Pour la pose des pointes à crochet destinées à supporter les fils de fer à la hauteur voulue, comme pour la pose du fil de fer, on opérera comme nous le disions plus haut, sauf quelques mesures différentes que nous allons indiquer. Quoiqu'un seul fil de fer, placé à 50 centimètres du sol, pourrait au besoin suffire, il serait plus sûr d'en placer deux; le plus bas, destiné à soutenir les jeunes pousses de la vigne, à 25 centimètres du sol; et à 30 centimètres au-dessus du premier, un second qui servira à soutenir les deux ou trois sarments de chaque souche séparés, et non en faisceau, comme cela se pratique avec les échalas; la maturité et la qualité du raisin gagneront à cette précaution.

Si la vigne n'est pas plantée en ligne, on peut l'y mettre insensiblement par le marcotage, en recouchant chaque année un certain nombre de ceps; de façon qu'une seule ligne, formée de deux fils de fer superposés, pourrait servir pour soutenir deux lignes de ceps. Pour cette opération, on placerait les lignes de fil de fer à 80 ou 90 centimètres les unes des autres, et l'on amènerait par le marcotage une double ligne de ceps en quinconce séparée par les fils de fer; les ceps de la même ligne sortiraient de terre à 50 centimètres les uns des autres et à 15 centimètres environ de la ligne verticale du sol au fil de fer supérieur.

Si le lecteur désire de plus amples renseignements, il les trouvera dans l'excellent ouvrage, que nous avons eu sous les yeux, fait par M. Collignon d'Ancy, membre distingué du Comice agricole de Metz (1).

Nous avons la confiance que ce mode d'échalassement, si avantageux et si économique, sera admis insensiblement. Les amateurs qui comprennent bien leurs vrais intérêts feront d'abord des essais, une parcelle de vigne sera soumise une année à cet excellent système, puis une autre et enfin toute la propriété. En attendant, les bons échalas de la parcelle opérée remplaceront les défectueux dans les autres.

(1) Cet ouvrage, intitulé : *Nouveau mode de culture et d'échalassement de la vigne, et instruction pour la pose*, édité chez Warion, rue du Palais, 2, à Metz, se vend à Paris, chez Thiry jeune, 9, rue Bergère.

CHAPITRE VII.

DE LA GREFFE.

Les sujets pour recevoir la greffe du poirier sont le franc et le coignassier. Lequel des deux doit-on choisir de préférence ? Le poirier sur coignassier exige pour prospérer un terrain frais et substantiel, mais qui permette aux eaux de s'écouler; les sols argilo-siliceux et argilo-calcaire lui conviennent; mais il redoute ceux dans lesquels la silice ou le calcaire dominent. Une preuve de ce que nous avançons est ce qui arrive dans une partie de la Côte-d'Or, surtout dans les environs de Dijon. On a planté de beaux et vigoureux poiriers greffés sur coignassier; mais comme le sol y est presque entièrement calcaire, ces belles plantations dépérissent sans donner de fruits. Les arbres y ont de belles racines; mais comme elles ne trouvent point de suc nourricier, leurs tiges languissent et meurent.

Pour les terrains secs, profonds ou légers et ceux qui repoussent le coignassier, préférez donc les arbres greffés sur franc; ils sont plus vigoureux, moins difficiles sur la qualité du sol, vivent plus longtemps et craignent moins la sécheresse que le coignassier, dont les racines rampent près de la superficie de la terre. Cependant, toutes les fois que le terrain se montrera favorable, plantez de préférence des sujets sur coignassier; ils vous produiront plus promptement des fruits plus gros et plus savoureux que ne le ferait le poirier sur franc; et avec des fruits préférables, ils ont encore l'avantage d'une existence assez longue. Il est cependant plusieurs variétés de poiriers (et que nous indiquons plus bas) qui, ne s'accommodant pas du coignassier, doivent être greffés sur franc ou sauvageon. Mais on pourrait encore éviter l'emploi de celui-ci pour sujet : ce serait de greffer deux fois sur coignassier. La première avec une variété vigoureuse qui réussit bien dans cette circonstance; et l'année suivante, on regrefferait sur cette première greffe la variété qui végéterait mal si elle était unie directement au coignassier.

Sans entrer dans la nomenclature des *deux cents* greffes dont nous parlent certains auteurs, il suffira d'indiquer pour nos campagnes cinq ou six espèces de greffes ou écussons les plus usités et les plus faciles dans leur exécution, disant un mot de l'écusson de la production fruitière, dard, lambourde et brindille, qui se pratique au mois d'août sur les arbres qui ont trop de vigueur et qui se mettent difficilement à fruit.

Admirons avec reconnaissance les merveilles du Tout-Puissant, non moins grand dans les effets incompréhensibles que la greffe fait produire à la séve que dans la création de l'univers tout entier. La séve, partant d'un tronc sauvage, va se transformer dans la greffe et pénètre jusqu'à l'extrémité des plus petites folioles, où elle est élaborée et changée en lait végétal qui redescend pour devenir le suc réparateur et nourricier de la plante. C'est ce lait qui la fait croître en hauteur et en épaisseur. C'est lui qui produit chaque année les nouvelles branches, les feuilles et les bourgeons à fruit. C'est lui que les pépiniéristes habiles dirigent à leur gré par la greffe, l'écusson, et par la taille pour l'accélérer ou le ralentir, diminuer sa richesse ou le rendre plus fécond, pour le porter d'un lieu vers un autre, pour le suspendre ou l'arrêter complétement. C'est le sang artériel, c'est la chair coulante du végétal. C'est elle qui, transformée, donne le beau bois d'ébène, de rose et d'acajou, dont on fait les meubles de luxe; c'est elle que l'on déguste dans de délicieuses pêches et des poires succulentes; c'est elle que l'on respire avec sensualité dans le jasmin et la tubéreuse; c'est elle que l'on boit dans ce nectar enivrant qu'on nomme vin de Champagne; c'est elle, enfin, que l'on transporte dans les deux hémisphères sous le nom de cognac et de vin de Bordeaux. (*Extrait d'un travail sur la séve, communiqué par M. le docteur Clauzure à la société d'agriculture de la Charente.*)

Préparation des greffes. — Ne prenez des greffes que sur du bois d'un an, provenant d'arbres sains et fertiles. Ne prenez pas de dards ni de brindilles pour greffer en fente ou en couronne. Coupez les rameaux un mois ou six semaines à l'avance; pendant cet intervalle, on les fiche en terre au pied d'un mur, en les enfonçant jusqu'au tiers de leur longueur à l'exposition du nord. L'état de privation qu'ils supportent les affame et donne aux greffes une facilité plus grande pour la reprise. Dans le cas où ils auraient voyagé et où ils arriveraient fatigués et les écorces ridées, on les ferait tremper dans de l'eau pendant un jour ou deux. Pour greffer en écusson, on peut se servir du rameau immédiatement après l'avoir coupé.

Chacun connaît les instruments nécessaires pour assujettir les greffes; les meilleures ligatures se font avec de la laine grossièrement filée et peu tordue. Le mastic à employer est la cire à greffer ou l'onguent de Saint-Fiacre; mais celui-ci doit être maintenu par quelque enveloppe qui le protégera contre la pluie.

Greffe en fente. — Lorsqu'au printemps la séve commence à monter dans le rejet, c'est l'époque qu'il convient de choisir pour les greffes de cette sorte, qui trouvent de nombreuses applications sur les arbres à fruits à pépins et sur quelques-uns de ceux à noyau. La greffe en fente s'applique sur des sujets de diverses hauteurs, depuis le collet de la racine jusqu'à 2 et 3 mètres. Il faut avoir soin de parer les plaies de la manière la plus nette avec la serpette.

Greffe en fente à un scion. — Sur un sujet que l'on désire greffer, on choisit un endroit bien uni à la hauteur voulue; on coupe la tête ou tige horizontalement avec la serpette, lorsqu'elle est faible, et avec la scie, si elle est trop forte, en rafraîchissant la plaie. On pratique ensuite au milieu du diamètre une fente perpendiculaire au sujet, sans éclat, sans déchirure d'écorce, en épargnant la moelle, si c'est possible, dans les arbres à noyau. Si la tige ou la branche est forte, la fente est tenue ouverte par un petit coin en bois dur ou avec la pointe de la serpette, afin de pouvoir y insérer la greffe. Celle-ci doit avoir deux yeux et être taillée en forme de lame de couteau, de 20 à 25 millimètres de longueur; on fait deux petits crans au-dessus du biseau, pour qu'elle puisse poser facilement sur la coupe du sujet; ensuite on place la greffe de manière que son écorce coïncide avec celle du sujet. On couvre immédiatement la plaie de cire à greffer ou de l'onguent.

Greffe en fente à deux scions. — Elle ne diffère de la première que par le nombre de scions placés sur le sujet à l'opposite à la circonférence de celui-ci. On l'emploie ordinairement pour les forts sauvageons et pour de fortes branches.

Greffes en couronne. — Elles se nomment ainsi parce que les greffes sont placées sur le sujet en forme de cercle ou couronne. On les pratique sur les fortes tiges et sur les fortes branches. Elles diffèrent des greffes en fente en ce que les scions sont insérés entre l'écorce et l'aubier. Elles se font du 20 mars au 20 avril, parce qu'il est nécessaire que le sujet soit en séve pour que l'écorce puisse facilement se détacher de l'aubier. Les rameaux doivent être coupés un mois ou six semaines d'avance, comme pour la greffe en fente.

Greffe en couronne ordinaire. — La tige ou la branche est coupée horizontalement avec la scie, et l'on rafraîchit la plaie avec la serpette. Les scions sont taillés en bec de plume aminci; on laisse deux yeux sur chacun. A l'aide d'un petit coin de bois dur, on détache sans la déchirer l'écorce de l'aubier, et l'on introduit la greffe. On peut, suivant la grosseur du sujet, placer un nombre indéterminé de greffes, en les mettant à 2 ou 3 centimètres les unes des autres à la circonférence; l'écorce se déchirerait que cela ne présenterait aucun inconvénient pour la réussite. Elle s'emploie avec avantage sur les gros arbres qu'on recèpe, et sur les grosses branches qu'on rapproche. On couvre toute la plaie avec de la cire ou de l'onguent; mais celui-ci doit être maintenu avec des ligatures.

Greffe de la vigne en navette. — Elle se pratique au printemps sur une tige ou cordon de vigne. On fend ce dernier dans le milieu de son diamètre, à l'endroit où l'on veut placer un courson. Si le cordon est fort, on pratique une entaille ovale de 3 à 4 centimètres de longueur, en pénétrant jusqu'à la moelle. La greffe sera taillée en coin allongé de chaque côté, en laissant un œil vers le milieu et en lui donnant la forme d'une navette, de manière à remplir l'entaille faite sur le sujet; on ligature, si c'est nécessaire, et l'on enduit la plaie avec de la cire à greffer.

Greffe en approche ordinaire. — La nature en a fourni le modèle. Cette sorte de greffe est très simple; elle se pratique au moment de l'ascension de la séve; elle peut se faire encore pendant une partie de l'été. L'opération consiste à faire sur le sujet et la greffe, choisis d'égale grosseur, autant que possible, des entailles de dimensions égales et susceptibles de se recouvrir exactement lorsqu'on les applique l'une contre l'autre. Ces entailles pénètrent jusqu'au bois, de façon que les deux plaies soient en contact par leur rapprochement sur le plus grand nombre possible de points. On maintient la jonction par des liens, que l'on doit surveiller pour qu'il n'y ait pas d'étranglement. Il est à propos de soustraire les plaies à l'influence de l'air et de l'humidité.

Greffe en approche sur branches et sur tiges. — On fait deux plaies : une sur la tige ou la branche dénudée, et l'autre sur la greffe. Si la greffe est plus petite que la tige, il suffit de faire coïncider les écorces d'un seul côté, et faire la ligature. Cette greffe se pratique au printemps.

Greffe en approche en vert ou bourgeons herbacés.— Cette greffe se pratique en juin, juillet et août, sur presque tous les arbres fruitiers, et avec le même succès. Elle est très utile pour remplacer les vides qui se trouvent sur le pêcher et sur la vigne. On pratique une entaille ovale avec le greffoir, de 3 à 4 centimètres de longueur, à l'endroit où l'on désire établir une branche. On prend un bourgeon qui soit voisin et qui ait déjà un peu de consistance; on lui enlève légèrement l'écorce jusqu'à l'aubier, de chaque côté, en forme de coin, de la longueur de l'entaille pratiquée, en ayant soin de laisser un œil ou deux en dessus, et qui se trouvera au milieu de la plaie. On place le bourgeon dans l'entaille, ayant soin qu'il soit entré de manière que les écorces coïncident. On fait une ligature avec de la laine que l'on desserre quelque temps après s'il s'y forme des étranglements. Il est plus avantageux de sevrer, c'est-à-dire de séparer du tronc le bourgeon greffé, au printemps suivant qu'à l'automne de la même année.

Greffes en écusson. — Elles sont très expéditives, surtout pour les petits sujets. Elles se pratiquent dans deux saisons, au printemps à œil poussant, et en juillet et août à œil dormant. Cette dernière, qui est très usitée, est préférable pour toute espèce d'arbre fruitier.

Greffe à écusson à œil dormant. — On greffe les jeunes arbres à 10 centimètres environ du sol, et les hautes tiges à des hauteurs indéterminées. On choisit sur la tige un endroit uni, on fait une incision transversale sur le sujet et une perpendiculaire en forme de T; on lève avec la spatule du greffoir les lèvres de l'écorce à droite et à gauche; puis on glisse sous elle de haut en bas l'écusson préparé, dont on retranche la partie qui dépasse l'incision transversale du sujet. On les rabat sur l'écusson, en les appuyant fortement avec les deux pouces, et l'on fait une ligature avec de la laine, ayant soin de laisser l'œil à découvert et de visiter au bout d'environ trois semaines pour desserrer la ligature si cela est nécessaire. Au printemps suivant, avant l'ascension de la séve, on retranche la partie supérieure du sujet à une petite distance de l'écusson, en conservant au-dessus de lui un ou deux yeux d'appel. Les bourgeons qui résultent de ces yeux sont pincés lorsqu'ils ont de 12 à 15 centimètres de longueur, en faveur de la greffe. Lorsque celle-ci a acquis une longueur de 30 à 40 centimètres, on les supprime.

Greffe à œil poussant. — Elle se fait de la même manière que la précédente; seulement, 8 à 10 jours après qu'on a greffé et lorsque la greffe est reprise, on supprime la portion du sujet qui excède la greffe, laissant toutefois un œil d'appel au-dessus d'elle. On pince le bourgeon d'appel lorsqu'il a 12 ou 15 centimètres de longueur, et on le traite comme nous venons de le dire pour l'œil dormant.

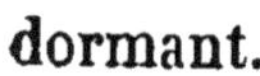

Greffe ou écusson de productions fruitières. — Cette greffe se pratique au mois d'août, lorsque les boutons sont formés sur les arbres. On enlève un dard, une lambourde ou une brindille avec leur empattement sur un arbre qui est suffisamment pourvu de ces productions, et l'on vient les poser sur un autre qui en a peu ou pas, absolument comme un écusson; après quoi on ligature. Ce procédé est très avantageux pour mettre les arbres à fruit et pour garnir les parties dénudées des branches de charpente. Un genre de ligature très convenable serait une tresse en fil préparée de la manière suivante : On fait fondre ensemble sept parties de cire et une partie de térébenthine grasse; quand les matières sont mêlées, on y plonge la tresse d'une longueur indéterminée, on l'en retire en la serrant au moyen d'un morceau de bois contre le rebord de la casserole, de façon qu'elle soit imprégnée de cette matière juste comme il le faut.— Quand on s'en est servi pour lier les écussons, il serait prudent, pour la maintenir, de l'arrêter avec un fil ou une goutte de cire à greffer.

CATALOGUE GÉNÉRAL.

ABRICOTIERS.

1° *Abricot hâtif, Abricot-Saint-Jean, Abricotin*, fruit petit, chair peu fondante, légèrement musquée, assez bon et à exposition chaude. (Mi-juillet.)

2° *Abricot blanc hâtif*, fruit d'une bonne grosseur, chair ferme, blanchâtre, un peu sèche, mais parfumée, mûrit peu de jours après le précédent; l'abricot tardif n'en diffère que par l'époque de la maturité, qui a lieu vingt ou trente jours plus tard. Ces deux variétés sont les meilleures pour l'art de la confiserie.

3° *Abricot de Portugal, Petit-fondant*, bon. (Mi-juillet.)

4° *Abricot de l'Angoumois*, ou *Violet*, fruit petit, chair très colorée et très parfumée. (Fin juillet.)

5° *Abricot gros précoce*, fruit moyen, chair fine et fondante. (Mi-juillet.)

6° *Abricot-pêche hâtif d'Oullins*, très gros, mêmes forme et qualité que l'abricot de Nancy, dont il est une seconde variété, un peu plus précoce. (Fin de juillet.)

7° *Abricot royal hâtif*, moins gros que le précédent, avec lequel il a le plus grand rapport. (Même époque.)

8° *Abricot d'Appuy*, encore une seconde variété de l'abricot-pêche, fruit gros, excellent. (Fin juillet.)

9° *Abricot commun*, fruit moyen, bon. (Commencement d'août.)

10° *Abricot-pêche de Nancy*. Tout le monde connaît ce beau et excellent fruit, qui mûrit du 1er au 15 août.

11° *Abricot-pêche de Vaucluse*, nouvelle variété, bien remarquable comme grosseur et qualité. (Mi-août.)

12° *Abricot-alberge de Mont-Gamet*, fruit moyen dont la peau colorée est parsemée d'aspérités, chair fondante et très bonne.

On peut citer encore les abricotiers d'Alexandrie, d'Alsace, de Hollande, des Dames, alberge, etc.

CERISIERS.

1° *Anglaise hâtive*, 1re qualité, très fertile. (Fin mai et courant juin.)

2° *Anglaise tardive*, très fine, fertile. (Mi-juillet.)

3° *Belle de Sceaux* ou *de Chatenay*, très fine, grosse, très fertile. (Fin juillet.)

4° *Bigarreau*, à très gros fruit ambré, 1re qualité, gros. (Fin juin.)

5° *Bigarreau-Napoléon*, 1re qualité, gros. (Mi-juin.)

6° *Cherry duke, royal*, très fine, grosse, fertile. (Fin juin.)

7° *De Spa, dona Maria*, très fine, grosse, fertile. (Fin juillet.)

8° *Guigne hâtive*, à gros fruit noir, et *Early Black*, 1re qualité, grosse. (Fin mai.)

9° *Guigne blanche* ou *Princesse*, 1re qualité, moyenne, fertile. (Commencement de juin.)

10° *Montmorency à courte queue, gros gobet*, 1re qualité, grosse. (Courant de juillet.)

PRUNIERS.

1° *Drap-d'or d'Espéren*, jaune, très fin, moyen. (Mi-août.)

2° *Damas de Tours, Royal de Tours*, violet-noir, 1re qualité, moyen, fertile. (Courant d'août.)

3° *De Montfort*, violet-noir, très fin, moyen, très fertile. (Fin juillet, commencement d'août.)

4° *Favorite hâtive de Rivers*, noir, très fin, moyen, fertile. (Fin juillet.)

5° *Impérial de Milan*, violet-noir, très fin, assez gros, fertile. (Mi-septembre.)

6° *Mirabelle grosse double de Metz*, blanc-jaunâtre, 1re qualité, petit, fertile. (Fin d'août.)

7° *Mirabelle petite*, blanc-jaunâtre, 1re qualité, très petite, très fertile. (Fin août.)

8° *Monsieur*, gros, hâtif, violet, 2e qualité, gros, fertile. (Commencement d'août.)

9° *Musquée de Malte*, violet, 1re qualité, petit, fertile. (Mi-juillet.)

10° *Perdigon violet*, violet, 2e qualité, moyen, fertile. (Fin août et courant septembre.)

11° *Reine-claude, abricotine*, blanc, 1re qualité, petit. (Commencement d'août.)

12° *Reine-claude d'Angoulême*, vert, très fine, moyen. (Fin août.)

13° *Co'es Golden Drop, Waterloo*, blanc-doré, bien fin, gros, très fertile. (Fin septembre.) Cette variété est très recommandable cueillie avant sa parfaite maturité; elle peut se conserver jusqu'en novembre dans le fruitier.

14° *Reine-claude dorée*, blanc-doré, très fine, moyen. (Fin août.)

15° *Reine-claude transparente*, jaune nuancé rose, très fine, assez gros. (Commencement de septembre.)

16° *Reine-claude violette*, violet, très fin, moyen. (Mi-septembre.)

POUR PRUNEAUX.

D'Agen, Damas gros blanc, Dame Aubert, blanche, la même rouge, de Jérusalem, Fellemberg, Mervy, Pond's Seedling, la plus grosse de toutes les prunes, Sainte-Catherine.

POIRIERS.

Des six cents variétés de poiriers que nous indiquent les catalogues des pépiniéristes les plus distingués, nous avons extrait les quatre-vingts variétés dont les noms suivent et qui ont été admises par le congrès pomologique de Lyon avec leurs noms définitifs.

Nous donnons notre catalogue sur huit colonnes. La première colonne indique sous quelle forme on peut élever chaque arbre; ainsi H. T. signifie haute tige, P. signifie pyramide, F. fuseau, Pal. palmette, c'est-à-dire espalier et contre-espalier; L'N indique que telle variété élevée en espalier réussit même au nord. Le midi convient aux fruits d'hiver. Est et ouest pour toutes.

La 2e colonne indique les noms définitivement admis de chaque variété.

La 3e colonne contient les synonymes ou les noms abandonnés sous lesquels chaque variété était anciennement désignée.

La 4e colonne désigne le degré de fertilité de l'arbre.

La 5e colonne indique le degré de grosseur du fruit.

La 6e colonne indique la qualité de la chair des fruits.

La 7e colonne désigne la maturité des fruits, c'est-à-dire l'époque à laquelle, toutes choses égales d'ailleurs, on peut en jouir. Pour l'époque de leur récolte, nous l'avons indiquée à l'article *Cueillette*.

La 8e colonne est celle des observations auxquelles le jardinier doit bien faire attention.

FORMES*.	.	MATURITÉ.	OBSERVATIONS.
P. f. pal.	A	Octobre.	
	A	Novembre.	
H. t.	A	Octobre.	
	B n.	Comm. sept.	Entrecueillir.
	B	Sept.-octob.	Greffer sur franc.
H. t. p. f. pal.		Mars-mai.	
H. t. f.	B	Janvier.	
F. pal. N.	n.	Sept.-octob.	
	n.	Fév.-mars.	Greffer sur franc.
H. t. f. pal.		Octobre.	Très bon cuit.
F.		Nov.-déc.	
H. t. f. pal.		Septembre.	
H. t. p. f. pal. N.	.	Déc.-janv.	Greffer sur franc. Bon au mur.
F. pal. N.	.	Décembre.	
Pal.		Octobre.	
	.	Septembre.	
	.	Janvier.	
H. t. f. pal. N.	.	Nov.-déc.	Recommandé.

* H. t. signifie *hau*

FORMES*.	NOMS DÉFINITIFS.	SYNONYMES DÉTRUITS.	FERTILITÉ.	GROSSEUR.	QUALITÉ.	MATURITÉ.	OBSERVATIONS.
P. f. pal.	Adèle de Saint-Denis.	Adèle de St-Ceras, bar. de Mello.	Fertile.	Moyen.	Bon.	Octobre.	
	Alexandrine Douillard.	Douillard.	Très fertile.	Assez gros.	Bon.	Novembre.	
H. t.	Arbre courbé.	Amiral.	Fertile.	Gros.	Bon.	Octobre.	
	Beau présent d'Artois.	Présent royal de Naples.	Très fertile.	Gros.	Assez bon.	Comm. sept.	Entrecueillir.
	Bergamotte d'Angleterre.	Gansel's bergam. Bezy de Caissoy par plusieurs pépiniéristes.	Fertile.	Moyen.	Bon.	Sept.-octob.	Greffer sur franc.
H. t. p. f. pal.	— Esperen.	. . . .	Très fertile.	Moyen.	Très bon.	Mars-mai.	
H. t. f.	Beurré Beaumont.	Beurré de Beaumont, Bezy-Waët, Bezy de Saint-Wast, Beimont, Beymont.	Fertile.	Moyen.	Bon.	Janvier.	
F. pal. N.	— Benoît.	Beurré Auguste Benoît ou Benoist.	Fertile.	Gros ou assez gros.	Assez bon.	Sept.-octob.	
	— Bretonneau.	Calebasse d'hiver.	Fertile.	Gros ou assez gros.	Assez bon.	Fév.-mars.	Greffer sur franc.
H. t. f. pal.	— Capiaumont.	Beurré aurore.	Très fertile.	Moyen.	Bon.	Octobre.	Très bon cuit.
F.	— Clairgeau.	. . . .	Très fertile.	Gros ou très gros.	Bon.	Nov.-déc.	
H. t. f. pal.	— d'Amanlis. — — panaché.	Wilhelmine, Hubart, Duchesse de Brabant, Poire d'Elbert ou d'Albert, Poire Kessoise.	Très fertile.	Gros.	Bon.	Septembre.	
H. t. p. f. pal. N.	— d'Arenberg.	Orpheline d'Enghien, Colmar Deschamps, Beurré Deschamps, Beurré des Orphelins, Délices des Orphelins.	Très fertile.	Moyen.	Très bon.	Déc.-janv.	Greffer sur franc. Bon au mur.
F. pal. N.	— d'Anjou.	Ne plus Muris, Nec plus Meuris.	Peu fertile.	Assez gros.	Très bon.	Décembre.	
Pal.	— Davy.	Beurré Spence, Beurré de Bourgogne, Beurré Saint-Amour, Belle de Flandre ou des Flandres, Nouvelle gagnée à Heuze, Beurré des bois, Fondante des bois, Boss père, Poire des bois, Boss pear, Beurré d'Elberg, Beurré Davis, B. Foidart.	Fertile.	Gros ou très gros.	Bon.	Octobre.	
	— de Nantes.	Beurré Nantais.	Très fertile.	Moyen.	Très bon.	Septembre.	
	— d'Hardenpont.	Beurré d'Arenberg par erreur, Glou morceau, Goulu morceau de Cambron, Beurré de Kent, Beurré Lombard, Beurré de Cambronne.	Fertile.	Gros.	Très bon.	Janvier.	
H. t. f. pal. N.	— Diel.	Beurré magnifique, Beurré incomparable, Beurré royal, Beurré des trois Tours, Dry toren, Melon de Knops, Poire melon, Graciole d'hiver, Fourcroy, Dorothée.	Fertile.	Gros.	Très bon.	Nov.-déc.	Recommandé.

* H. t. signifie *haute tige*; p. *pyramide*; f. *fuseau*; pal. *palmette*.

FORMES.	NOMS DÉFINITIFS.	SYNONYMES DÉTRUITS.	FERTILITÉ.	GROSSEUR.	QUALITÉ.	MATURITÉ.	OBSERVATIONS.
H. t. pal.	Beurré Giffart.	. . . .	Fertile.	Moyen.	Très bon.	Fin juillet.	
P. pal.	— Picquery.	Urbaniste, Louise Dupont, Beurré Drapiez, Louise d'Orléans, Serrurier d'automne, Vergaline musquée.	Peu fertile.	Moyen.	Très bon.	Octobre-nov.	
	— Quételet.	Beurré Dumortier.	Très fertile.	Moyen.	Très bon.	Sept.-octob.	
	— Six.	. . . .	Fertile.	Assez gros ou gros.	Très bon.	Nov.-déc.	Greffer sur franc.
H. t p. f. pal.	— Superfin.	. . . .	Assez fertile	Assez gros.	Très bon.	Septembre.	
	Bezy de Montigny.	Non pas Doyenné musqué vulgairement nommé Bezy de Montigy.	Très fertile.	Moyen.	Bon.	Septembre.	
H. t. f pal. N.	Bon Chrétien Napoléon.	Liard, Médaille, Mabille, Captif de Sainte-Hélène, Charles d'Autriche, Charles X, Beurré Napoléon, Bonaparte, Gloire de l'empereur, Napoléon d'hiver.	Très fertile.	Assez gros.	Très bon.	Octobre-nov.	
H. t. p. f. pal. N.	— — William.	Bartlett de Boston, de Lavault.	Très fertile.	Gros ou très gros.	Très bon.	Septembre.	Greffer sur franc.
H. t. p. pal. N.	Bonne d'Ezée.	Belle ou bonne des Zées, Belle et Bonne des haies.	Très fertile.	Gros.	Bon.	Septembre.	
	Calebasse Bosc.	Thompson.	Très fertile.	Gros.	Bon.	Novembre.	
	— monstre.	Calebasse Carafon, Calebasse Royale, Calebasse monstrueuse du Nord, Van Marum, Triomphe de Hasselt.	Très fertile.	Très gros.	Assez bon.	Octobre.	Greffer sur franc.
F. pal. N.	Colmar d'Arenberg.	Kartoffel.	Très fertile.	Très gros.	Assez bon.	Novembre.	
H. t. p.	Conseiller de la Cour.	Maréchal de Cour, Bô ou Baud de la Cour.	Fertile.	Gros.	Assez bon.	Octobre.	
	Cumberland.	. . . .	Très fertile.	Assez gros.	Bon.	Sept.-octob.	Greffer sur franc.
	Des Deux-Sœurs.	. . . .	Très fertile.	Assez gros.	Assez bon.	Novembre.	
P. pal. N.	Délices d'Hardenpont, d'Angers.	Poire pomme, de Racqueingheim.	Très fertile.	Moyen.	Très bon.	Nov.-déc.	
	Délices de Lowenjoul.	Jules Bivort.	Très fertile.	Assez gros.	Très bon.	Octobre-nov.	Greffer sur franc.
H. t. pal. N.	Doyenné Boussoch.	Beurré de Mérode, Double Philippe, nouvelle Boussoch.	Fertile.	Gros.	Bon.	Septembre.	
F.	— Defais.	. . . .	Fertile.	Moyen.	Assez bon.	Nov.-déc.	
H. t. p. f. pal. N.	— d'hiver.	Bergamotte de la Pentecôte, Seigneur d'hiver, Doyenné de ou du printemps, Dorothée royale, Poire Fourcroy, Canning d'hiver, Merveille de la nature, Pastorale d'hiver, Poire du Pâtre, Beurré roupé.	Très fertile.	Gros.	Bon.	Janvier-mai.	
P. f. pal. N.	Duchesse d'Angoulême.	Poire de Pézenas, des Eparonnais, Duchesse.	Très fertile.	Très gros.	Bon.	Octobre-nov.	

).

TÉ.	GROSSEUR.	QUALITÉ.	MATURITÉ.	OBSERVATIONS.
	Moyen.	Très bon.	Fin juillet.	
le.	Moyen.	Très bon.	Octobre-nov.	
ile.	Moyen.	Très bon.	Sept.-octob.	
	Assez gros ou gros.	Très bon.	Nov.-déc.	Greffer sur franc.
tile	Assez gros.	Très bon.	Septembre.	
ile.	Moyen.	Bon.	Septembre.	
ile.	Assez gros.	Très bon.	Octobre-nov.	
ile.	Gros ou très gros.	Très bon.	Septembre.	Greffer sur franc.
ile.	Gros.	Bon.	Septembre.	
ile.	Gros.	Bon.	Novembre.	
ile.	Très gros.	Assez bon.	Octobre.	Greffer sur franc.
ile.	Très gros.	Assez bon.	Novembre.	
	Gros.	Assez bon.	Octobre.	
ile.	Assez gros.	Bon.	Sept.-octob.	Greffer sur franc.
ile.	Assez gros.	Assez bon.	Novembre.	
ile.	Moyen.	Très bon.	Nov.-déc.	
ile.	Assez gros.	Très bon.	Octobre-nov.	Greffer sur franc.
	Gros.	Bon.	Septembre.	
	Moyen.	Assez bon.	Nov.-déc.	
ile.	Gros.	Bon.	Janvier-mai.	
ile.	Très gros.	Bon.	Octobre-nov.	

FORMES.	N	MATURITÉ.	OBSERVATIONS.
P. f. pal. N.	Duc		Greffer sur franc.
H. t.	-	Fin août.	
H. t. p. f.	Epin	Novembre.	
	Espén.	Octobre.	
H. t, f.	Figu.	Nov.-déc.	
H. t. pal.	Fond.	Octobre.	Greffer sur franc.
H. t p. f.	Fond	Décembre.	
	Gran	Décembre.	
P.	Grasl	Octobre-nov.	
F.	Jalou.	Septembre.	
H. t. p. f. pal. N.	Louis. ch	Sept.-octob.	
H. t. pal.	Marie.	Octobre-nov.	
P. pal.	Nouv	Novembre.	Blettit avant de jaunir.
H. t. p. f. pal. N.	Passen.	Décemb.-fév.	
	Rousn.	Août.	
	Saintn.	Octobre.	
F.	Saintn.	Sept.-octob.	
	Seignn.	Sept.-octob.	
	Shobon.	Janv.-mars.	
P.	Solda	Octobre-déc.	
P.	Suzet	Février-avril.	
H. t. f. pal.	Triom	Décembre.	
H. t. p. pal.	Van Mn.	Novembre.	Greffer sur franc.

Le mérite des sous-r type.

FORMES.	NOMS DÉFINITIFS.	SYNONYMES DÉTRUITS.	FERTILITÉ.	GROSSEUR.	QUALITÉ.	MATURITÉ.	OBSERVATIONS.
P. f. pal. N.	Duchesse panachée.	. . . .					Greffer sur franc.
H. t.	— de Berry d'été.	. . . .	Assez fertile	Moyen.	Très bon.	Fin août.	
H. t. p. f.	Epine du Mas.	Belle Epine Dumas, Colmar du Lot, Duc de Bordeaux, Epine de Rochechouart, C. de Limoges.	Fertile.	Moyen.	Bon.	Novembre.	
	Espérine.	. . . .	Très fertile.	Moyen.	Assez bon.	Octobre.	
H. t, f.	Figue.	Figue d'Alençon, Figue d'hiver, Bonnissime de la Sarthe.	Fertile.	Assez gros.	Très bon.	Nov.-déc.	
H. t. pal.	Fondante de Charneu.	Beurré ou Fondante des Charneuses, Duc de Brabant (Van Mons), Miel de Waterloo, Belle excellente.	Fertile.	Assez gros.	Très bon.	Octobre.	Greffer sur franc.
H. t p. f.	Fondante de Noël.	Belle ou bonne de Noël, Belle ou bonne après Noël, Souvenir d'Esperen.	Fertile.	Moyen.	Bon.	Décembre.	
	Grand Soleil.	. . . .	Fertile.	Assez gros.	Bon.	Décembre.	
P.	Graslin.	. . . .	Fertile.	Gros ou assez gros.	Bon.	Octobre-nov.	
F.	Jalousie de Fontenay.	Jalousie de Fontenay-Vendée, Belle d'Esquermes.	Très fertile.	Assez gros.	Très bon.	Septembre.	
H. t. p. f. pal. N.	Louise bonne d'Avranches.	Louise de Jersey, Bonne ou Beurré d'Avranches, Bergamotte d'Avranches, Bonne de Longueval.	Très fertile.	Assez gros.	Très bon.	Sept.-octob.	
H. t. pal.	Marie-Louise Delcourt.	Marie-Louise Nova, Marie-Louise nouvelle, Van Donkelear, Vandonckelaër, Marie-Louise Van-Mons.	Très fertile.	Moy. ou assez gros.	Très bon.	Octobre-nov.	
P. pal.	Nouveau Poiteau.	Tombe de l'amateur.	Fertile.	Gros.	Bon.	Novembre.	Blettit avant de jaunir.
H. t. p. f. pal. N.	Passe Colmar.	Passe Colmar gris, Passe Colmar nouveau, Passe Colmar ordinaire.	Très fertile.	Moyen.	Très bon.	Décemb.-fév.	
	Rousselet d'août.	Gros Rousselet d'août Van Mons.	Très fertile.	Moyen.	Très bon.	Août.	
	Saint-Michel-Archange.	. . . .	Fertile.	Assez gros.	Très bon.	Octobre.	
F.	Saint-Nicolas.	Duchesse d'Orléans.	Fertile.	Moyen.	Très bon.	Sept.-octob.	
	Seigneur (Esperen).	Seigneur d'Espéren, Bergamotte Fiévée, Bergamotte lucrative, Lucrate, Brésilière, Beurré lucratif, Fondante d'automne, Excellentissime.	Très fertile.	Moyen, assez gros.	Très bon.	Sept.-octob.	
	Shobdencourt.	Non pas Shobdencourt.	Très fertile.	Moyen.	Très bon.	Janv.-mars.	
P.	Soldat laboureur.	. . . .	Fertile.	Assez gros.	Bon.	Octobre-déc.	
P.	Suzette de Bavay.	. . . .	Fertile.	Petit.	Bon.	Février-avril.	
H. t. f. pal.	Triomphe de Jodoigne.	. . . .	Fertile.	Gros ou très gros.	Bon.	Décembre.	
H. t. p. pal.	Van Mons.	Van Mons de Léon Leclerc.	Fertile.	Gros.	Très bon.	Novembre.	Greffer sur franc.

Le mérite des sous-variétés panachées, beurré d'Amanlis et duchesse d'Angoulême, est un léger diminutif de leur type.

FORMES.	NOMS DÉFINITIFS.	SYNONYMES DÉTRUITS.	FERTILITÉ.	GROSSEUR.	QUALITÉ.	MATURITÉ.	OBSERVATIONS.
Pal.	Bergamotte Crassanne.	Cressanne, Crésanne d'automne, Beurré plat.	Fertile.	Moyen.	Très bon.	Novembre.	Contre un mur et au soleil.
Pal.	Beurré gris.	Beurré doré, Beurré d'Amboise, Beurré Roux, Beurré d'Isambart, Beurré du Roi, Isambart le bon B. de Terwerenne.	Fertile.	Moyen et gros.	Très bon.	Sept.-octob.	Contre un mur, avec avant-toit, levant, couchant; peut s'élever en haute tige.
H. t. f. pal.	Bezy de Chaumontel.	Beurré de Chaumontel, Chaumontel, Beurré d'hiver.	Assez fertile	Moyen et gros.	Assez bon.	Janvier.	Peut aussi s'élever en pyramide.
F. pal.	Bon Chrétien de Rans.	Beurré de Rance, Beurré de Flandre, Beurré Noirchain, Beurré noire chair, Hardenpont de printemps, Beurré de Pentecôte.	Assez fertile	Assez gros.	Assez bon.	Janv.-mars.	Sur franc, contre un mur, bonne exposition.
Pal.	Doyenné blanc.	Beurré blanc par erreur, Saint-Michel, Bonne Ente, Doyenné picté, de Neige, du Seigneur, Citron de Septembre; etc.	Très fertile.	Moyen.	Très bon.	Octobre.	Sur franc, contre un mur, avec avant-toit; nord, levant, couchant.
Pal.	Doyenné gris.	Doyenné Roux, Doyenné crotté, Doyenné galeux, Doyenné jaune, Saint-Michel gris, Neige grise.	Très fertile.	Moyen.	Très bon.	Octobre-nov.	Sur franc, contre un mur, avec avant-toit; terre légère, levant, couchant, nord.
Pal.	Saint-Germain d'hiver.	Inconnue Lafare, Saint-Germain gris, Saint-Germain vert.	Fertile.	Assez gros ou gros.	Très bon.	Nov.-mars.	Contre un mur, au soleil.
		VARIÉTÉS DONT LES FRUITS SONT A CUIRE. *(Il n'est pas question de la qualité du fruit crû.)*					
	Belle Angevine.	Angora, Bolivar, Comtesse ou beauté de Terweren, Royale d'Angleterre, Duchesse de Berry d'hiver, Abbé Mongein, très grosse de Bruxelles.	Assez fertile	Enorme.	Assez bon.	Fin d'hiver.	Pyramide; mieux en espalier contre un mur au midi.
Pal.	Bon Chrétien d'hiver.	Poire d'angoisse, Poire de Saint-Martin, Bon Chrétien de Tours.	Assez fertile	Gros.	Bon.	Mars-mai.	Contre un mur à bonne exposition.
H. t. pal.	Catillac.	Quenillat, Teton de Vénus, Gros Gillot, Bon Chrétien d'Amiens, Grand Monarque, monstrueuse des Landes, Chartreuse, abbé Mongein.	Très fertile.	Très gros.	Bon.	Février-mai.	Pyramide; mieux en espalier, et haute tige.
	Certeau d'automne.	Cuisse-Dame, par erreur.	Très fertile.	Moyen.	Très bon.	Octobre-nov.	Mieux en espalier, et haute tige.

ur espaliers.

TÉ.	GROSSEUR.	QUALITÉ.	MATURITÉ.	OBSERVATIONS.
	Moyen.	Très bon.	Novembre.	Contre un mur et au soleil.
	Moyen et gros.	Très bon.	Sept.-octob.	Contre un mur, avec avant-toit, levant, couchant; peut s'élever en haute tige.
tile	Moyen et gros.	Assez bon.	Janvier.	Peut aussi s'élever en pyramide.
tile	Assez gros.	Assez bon.	Janv.-mars.	Sur franc, contre un mur, bonne exposition.
ile.	Moyen.	Très bon.	Octobre.	Sur franc, contre un mur, avec avant-toit; nord, levant, couchant.
ile.	Moyen.	Très bon.	Octobre-nov.	Sur franc, contre un mur, avec avant-toit; terre légère, levant, couchant, nord.
	Assez gros ou gros.	Très bon.	Nov.-mars.	Contre un mur, au soleil.

S SONT A CUIRE.

ité du fruit crû.)

tile	Enorme.	Assez bon.	Fin d'hiver.	Pyramide ; mieux en espalier contre un mur au midi.
tile	Gros.	Bon.	Mars-mai.	Contre un mur à bonne exposition.
ile.	Très gros.	Bon.	Février-mai.	Pyramide ; mieux en espalier, et haute tige.
ile.	Moyen.	Très bon.	Octobre-nov.	Mieux en espalier, et haute tige.

FORMES.	NLITÉ.	MATURITÉ.	OBSERVATIONS.
Pal.	Curé bon.	Nov.-janvier.	Pyramide, espalier, haute tige.
	Léon bon.	Mars-mai.	Pyramide; mieux espalier, sur franc, bonne exposition.
H. t. p. pal.	Mart bon.	Déc.-janvier.	Mieux haute tige.
H. t.	Mess	Novembre.	Mieux haute tige.
H. t.	Berg	Novembre.	
H. t. p.	Beur bon.	Septembre.	
H. t. p. f.	—	Septembre.	Entrecueillir.
H. t. f. pal.	— bon.	Décembre.	
H. t.	Blan bon.	Juillet.	Entrecueillir.
H. t. pal.	Colm bon.	Nov.-déc.	
H. t.	Citro bon.	Juillet.	Entrecueillir.
H. t. p. f. pal.	Doye bon.	Juillet.	Entrecueillir, franc.
H. t. f. pal.	Epar	Juillet-août.	Réussit en espalier.
H. t. f. pal.	José bon.	Janv.-mars.	Réussit en espalier.
H. t.	Rous	Septembre.	Très bon confit.
H. t.	Seck	Octobre.	
H. t. p.	Zéph bon.	Janv.-fév.	

FORMES.	NOMS DÉFINITIFS.	SYNONYMES DÉTRUITS.	FERTILITÉ.	GROSSEUR.	QUALITÉ.	MATURITÉ.	OBSERVATIONS.
Pal.	Curé.	Monsieur le Curé, de Monsieur, de Clio, Belle de Berry, Belle Andréane ou Adrienne, Bon papa, Pater noster, Vicaire of Wakefield, Belle Héloïse, Beurré Comice de Toulon, Belle Andréine.	Fertile.	Gros.	Très bon.	Nov.-janvier.	Pyramide, espalier, haute tige.
	Léon Leclerc.	. . . .	Fertile.	Gros.	Assez bon.	Mars-mai.	Pyramide; mieux espalier, sur franc, bonne exposition.
H. t. p. pal.	Martin sec.	Rousselet d'hiver.	Assez fertile	Petit.	Très bon.	Déc.-janvier.	Mieux haute tige.
H. t.	Messire-Jean.	Mi-Sergent, Messire-Jean gris, Messire-Jean doré, Chaulis.	Assez fertile	Moyen.	Bon.	Novembre.	Mieux haute tige.
		POIRIERS spécialement pour haute tige. *(Arbres de verger.)*					
H. t.	Bergamotte Sylvange.	Poire Sylvange.	Fertile.	Moyen.	Bon.	Novembre.	
H. t. p.	Beurré d'Angleterre.	Bec d'oie, Amande, Poire d'amande, Poire anglaise, Saint-François, Poire des Finois.	Très fertile.	Moyen.	Assez bon.	Septembre.	
H. t. p. f.	— Goubault.	. . . .	Très fertile.	Moyen.	Bon.	Septembre.	Entrecueillir.
H. t. f. pal.	— Millet.	. . . .	Très fertile.	Petit.	Très bon.	Décembre.	
H. t.	Blanquet.	Blanquet gros, Cramoisin, Cramoisine.	Fertile.	Petit.	Assez bon.	Juillet.	Entrecueillir.
H. t. pal.	Colmar Nélis.	Nélis d'hiver, bonne ou fondante de Malines.	Fertile.	Petit.	Très bon.	Nov.-déc.	
H. t.	Citron des Carmes.	Petite Madeleine, Saint-Jean.	Très fertile.	Petit.	Assez bon.	Juillet.	Entrecueillir.
H. t. p. f. pal.	Doyenné de juillet.	Roi Jolimont.	Très fertile.	Petit.	Très bon.	Juillet.	Entrecueillir, franc.
H. t. f. pal.	Épargne.	Beau présent, Cuisse-Madame, grosse Madeleine, Saint-Samson, Chopine, Beurré de Paris, Cueillette de la table des princes.	Très fertile.	Moy. ou assez gros.	Bon.	Juillet-août.	Réussit en espalier.
H. t. f. pal.	Joséphine de Malines.	. . . .	Peu fertile.	Moyen et petit.	Très bon.	Janv.-mars.	Réussit en espalier.
H. t.	Rousselet de Reims.	Petit Rousselet, Rousselet musqué.	Fertile.	Petit.	Bon.	Septembre.	Très bon confit.
H. t.	Seckle.	Shakespear, Seckle pear.	Fertile.	Petit.	Bon.	Octobre.	
H. t. p.	Zéphirin Grégoire.	. . . .	Très fertile.	Petit ou moyen.	Très bon.	Janv.-fév.	

FORMES.	NOMS DES ESPÈCES ET VARIÉTÉS.	QUALITÉ DES FRUITS.	VOLUME DES FRUITS.	FERTILITÉ DES ARBRES.	ÉPOQUE DE MATURITÉ.	DEGRÉ de maturité DES FRUITS.
H. t. f. pal.	Alexandre.	1	Gros.	Fertile.	Novembre-décembre.	Bon fruit.
Pal.	Api d'été.	1	Petit.	Fertile.	Fin juillet.	Assez bon.
Pal.	Api gros.	1	Petit.	Très fertile.	Hiver.	Bon.
Pal.	Api petit.	1	Très petit.	Très fertile.	Hiver.	Bon.
H. t. f. pal.	Belle de Rome ou Roi de Rome.	2	Moyen.	Très fertile.	Septembre.	Assez bon.
H. t. f. pal.	Belle de Saumur ou belle de Doué.	1	Assez gros.	Fertile.	Hiver.	Bon.
H. t. f. pal.	Belle Joséphine, Ménagère.	1	Très gros.	Fertile.	Hiver.	Très bon.
F. pal.	Borovitsky.	1	Assez gros.	Très fertile.	Fin juillet.	Très bon.
H. t. f. pal.	Calville blanche.	1	Gros.	Très fertile.	Hiver et printemps.	Excellent.
F. pal.	Calville de Saint-Sauveur.	1	Gros.	Très fertile.	Hiver.	Excellent.
H. t. f. pal.	Calville rouge d'Anjou ou Normande.	1	Gros.	Très fertile.	Hiver.	Excellent.
F. pal.	Calville rouge d'été ou Madeleine.	2	Assez gros.	Très fertile.	Fin juillet.	Assez bon.
H. t. f. pal.	Court-pendu.	1	Moyen.	Fertile.	Hiver.	Bon.
H. t. f. pal.	De Boutigny.	1	Moyen.		Hiver.	Bon.
H. t. f. pal.	De Jérusalem, pigeon d'été.	2	Moyen.	Très fertile.	Août.	Assez bon.
H. t. f. pal.	De Sarreguemines.	1	Moyen.	Fertile.	Fin d'hiver.	Bon.
F. pal.	Fenouillet gris anisé.	1	Petit.	Fertile.	Hiver et printemps.	Bon.
Pal.	Fenouillet jaune doré, drap d'or.	1	Petit.	Fertile.	Hiver et printemps.	Assez bon.
H. t. f. pal.	Golden drop Court of Wick.	1	Petit.		Hiver et printemps.	Bon.
H. t. f. pal.	Impériale.	1	Moyen.	Très fertile.	Fin d'hiver.	Bon.
H. t. pal.	Mignonne.	1	Petit.	Fertile.	Fin d'hiver.	Assez bon.
F. pal.	Perle (pomme).	1	Assez gros.	Fertile.	Décembre.	Bon.
H. t. pal.	Pigeon d'hiver, gros pigeon, pigeon de Rouen.	1	Petit.	Très fertile.	Hiver.	Très bon.
H. t. f. pal.	Rambour d'été ou rayé.	2	Gros.	Fertile.	Septembre.	Assez bon.
F. pal.	Rambour d'hiver.	2	Gros.	Fertile.	Hiver.	Assez bon.
H. t. f. pal.	Reinette d'Angleterre.	1	Gros.	Fertile.	Novembre à janvier.	Très bon.
H. t. f. pal.	Reinette de Caux.	1	Assez gros.	Très fertile.	Hiver et printemps.	Très bon.
H. t. f. pal.	Reinette de Grandville.	1	Assez gros	Fertile.	Printemps.	Très bon.
F. pal.	Reinette de Hollande.	1	Assez gros.	Fertile.	Hiver.	Très bon.
H. t. f. pal.	Reinette dorée.	1	Moyen.	Très fertile.	Hiver.	Très bon.
F. pal.	Reinette du Canada (blanche).	1	Très gros.	Fertile.	Hiver.	Excellent.
H. t. f. pal.	Reinette du Canada (grise).	1	Gros.	Fertile.	Hiver.	Excellent.
H. t. f. pal.	Reinette franche, à côtes.	1	Assez gros.	Fertile.	Hiver et printemps.	Excellent.
H. t. f. pal.	Reinette franche ordinaire.	1	Moyen.	Fertile.	Hiver et printemps.	Excellent.
H. t. f. pal.	Reinette de haute bonté.	1	Petit.		Hiver et printemps.	Excellent.
F. pal.	Reine des Reinettes.	1	Assez gros.	Très fertile.	Hiver.	Excellent.

ME RUITS.	FERTILITÉ DES ARBRES.	ÉPOQUE DE MATURITÉ.	DEGRÉ de maturité DES FRUITS.
	Fertile.	Novembre-décembre.	Bon fruit.
	Fertile.	Fin juillet.	Assez bon.
	Très fertile.	Hiver.	Bon.
etit.	Très fertile.	Hiver.	Bon.
.	Très fertile.	Septembre.	Assez bon.
gros.	Fertile.	Hiver.	Bon.
ros.	Fertile.	Hiver.	Très bon.
gros.	Très fertile.	Fin juillet.	Très bon.
	Très fertile.	Hiver et printemps.	Excellent.
	Très fertile.	Hiver.	Excellent.
	Très fertile.	Hiver.	Excellent.
gros.	Très fertile.	Fin juillet.	Assez bon.
.	Fertile.	Hiver.	Bon.
.		Hiver.	Bon.
.	Très fertile.	Août.	Assez bon.
.	Fertile.	Fin d'hiver.	Bon.
	Fertile.	Hiver et printemps.	Bon.
	Fertile.	Hiver et printemps.	Assez bon.
		Hiver et printemps.	Bon.
.	Très fertile.	Fin d'hiver.	Bon.
	Fertile.	Fin d'hiver.	Assez bon.
gros.	Fertile.	Décembre.	Bon.
	Très fertile.	Hiver.	Très bon.
	Fertile.	Septembre.	Assez bon.
	Fertile.	Hiver.	Assez bon.
	Fertile.	Novembre à janvier.	Très bon.
gros.	Très fertile.	Hiver et printemps.	Très bon.
gros	Fertile.	Printemps.	Très bon.
gros.	Fertile.	Hiver.	Très bon.
.	Très fertile.	Hiver.	Très bon.
ros.	Fertile.	Hiver.	Excellent.
	Fertile.	Hiver.	Excellent.
gros.	Fertile.	Hiver et printemps.	Excellent.
.	Fertile.	Hiver et printemps.	Excellent.
		Hiver et printemps.	Excellent.
gros.	Très fertile.	Hiver.	Excellent.

En faveur des amateurs qui se contenteraient d'une plantation restreinte, nous donnons ici un extrait des variétés de poiriers recommandées pour la fertilité des arbres et la qualité de leurs fruits. Nous rangeons ces variétés par ordre de maturité.

Fruits d'été.

Fin juin.

Citron des Carmes.

Juillet. — *Ensemble.*

Epargne ou beau présent.
Doyenné de juillet.
Beurré précoce (Goubault).

Immédiatement après et ensemble.

Beurré d'Amanlis.
Beau présent d'Artois.

Quelques jours plus tard et à peu près ensemble.

Beurré William.
Doyenné Boussoch.

Ces variétés précoces s'échelonnent parfaitement et nous conduisent aux *fruits d'automne.*

Fruits d'automne.

Louise-Bonne d'Avranches.
Fondante de Charneu.
Bon chrétien Napoléon.
Nouveau Poiteau.
Adèle de Saint-Denis.
Duchesse d'Angoulême.
Soldat laboureur.

Fin d'automne et commencement d'hiver.

Fondante de Noël.
Beurré Clairgeau.
Beurré d'Arenberg.
Beurré Diel.
Passe Colmar.
Beurré d'Hardempont.
Triomphe de Jodoigne.

Hiver et printemps.

Bon chrétien de Rans, ou beurré Noirchain.
Doyenné d'hiver, ou bergamotte de Pentecôte (1).
Bergamotte Espéren.
Suzette de Bavay.

VIGNES.

1° Arbois, noir, 1re qualité, petit, bon.
2° Bourret, blanc, 1re qualité, assez gros, bon.
3° Bourguignon, mourlon, blanc, 1re qualité, petit, bon.
4° Calabre, blanc, 1re qualité, gros, bon.

(1) Nous recommandons instamment la culture de la bergamotte de Pentecôte, qui nous donnera de douces jouissances de février jusqu'en juin.

5° Chasselas blanc, 1re qualité, assez gros, très précoce, bon.

6° Chasselas de Fontainebleau, blanc, 1re qualité, fertile, excellent et très recommandable.

7° Chasselas gros coulard de Montpellier, blanc, 1re qualité, assez gros, précoce, très bon.

8° Chasselas musqué, Tokai musqué, muscat de Frontignan, blanc, 1re qualité, moyen, fertile, très bon.

9° Chasselas noir, noir, 1re qualité, moyen, excellent.

10° Chasselas rose ou violet, 1re qualité, moyen, excellent.

11° Chasselas rouge, 1re qualité, moyen, très bon.

12° Chauché, pineau noir de la Vienne, 1re qualité, moyen, fertile, précoce, très bon.

13° Gersette de Tokai, noir, 1re qualité, assez gros, très fertile.

14° Hugues, par erreur gamay de Bordeaux, noir, 1re qualité, moyen, très fertile, très bon.

15° Madeleine blanche, blanc, 1re qualité, moyen, précoce, très bon.

16° Muscat arrouga, noir, 1re qualité, moyen, bon.

17° Muscat blanc hâtif, 1re qualité, moyen, bon.

18° Muscat gris, 1re qualité, petit, assez fertile, bon.

19° Pineau blanc, 1re qualité, moyen, fertile, bon.

20° Poulsard blanc, 1re qualité, assez gros, précoce, bon.

De toutes ces variétés, les meilleures sont : le chasselas de Fontainebleau ; le chasselas rose, qui est à peu près le même que le précédent et qui ne prend la teinte rosée qu'à sa maturité, et le Franckental, trois variétés parfaites.

CAISSES

D'après le système de M. Riduet.

Dans le vif désir que j'éprouve d'enrichir mon *Manuel* des découvertes les plus récentes et les plus utiles faites par d'infatigables travailleurs, je suis heureux d'accorder ici une mention très honorable aux caisses perfectionnées dont M. Riduet, de Besançon, est l'inventeur, et que j'ai vivement admirées à la dernière exposition automnale du Doubs. De forme gracieuse et élégante, véritablement ornementales, elles ont leur place marquée dans tous les sanctuaires catholiques, où elles serviront à rehausser la splendeur du culte divin dans nos grandes solennités. C'est à ce point de vue spécial que j'appèlle sur elles l'attention de mes confrères. En signalant aux horticulteurs et amateurs d'horticulture le système d'encaissement de M. Riduet comme bien supérieur et par conséquent bien préférable à tous ceux employés jusqu'alors, j'ai la conviction que je remplis un devoir; d'ailleurs, ici même, il s'agit encore d'arboriculture.

Représentant un prisme régulier, ordinairement octogone ou hexagone, ces caisses, composées d'une base en fonte de forme polygonale, reposant sur des pieds qui les écartent du sol, ont leurs faces latérales en forte tôle; celles-ci, maintenues par des tubes qui servent de nervure, sont assemblées par un cercle placé au sommet, qui forme recouvrement en saillie et complète très agréablement l'ensemble de ces appareils; à l'intérieur des parois en tôle sont placées des planches en bois pourri, destinées à nourrir les radicelles et à empêcher leur contact avec le métal. Voilà l'ensemble de ce système, dont on n'attend pas de nous une description exacte. L'auteur se chargera parfaitement de cette partie technique dans une brochure spéciale.

Ce que nous tenons à constater, c'est 1° que ces caisses se recommandent par une simplicité remarquable, que toutes les parties sont calibrées sur un modèle exact, et qu'une pièce venant à se détériorer peut être remplacée instantanément, sans avoir besoin des services de l'ouvrier; 2° que le dépotement des plantes dont le volume est considérable, qui offre dans les cas ordinaires de si grands embarras, est ici d'une merveilleuse simplicité, attendu que les feuilles de tôle, se déroulant comme les panneaux d'un paravent, mettent facilement à nu les racines, et qu'on peut sans embarras retrancher de celles qui auraient pris une force prédominante, et fournir à celles qui seraient restées faibles des aliments nouveaux et plus à leur convenance; 3° que la chaleur, qui est un des inconvénients les plus graves dans le système des encastrements ordinaires, contribue ici à développer la végétation d'une manière plus régulière et plus harmonique. En effet, les planches en bois, en même temps qu'elles font obstacle à l'invasion des rayons solaires dans la caisse, fournissent à la plante, par leur décomposition graduelle, une humidité suffisante et une alimentation abondante. Une expérimentation consciencieuse a pleinement justifié cette théorie : durant les chaleurs persévérantes de l'été dernier, un arrosement tous les huit jours suffisait aux orangers encaissés d'après le système de M. Riduet, tandis qu'il en fallait deux et parfois trois aux orangers empotés dans les caisses ordinaires. Tels sont quelques-uns des principaux avantages que présentent ces nouveaux appareils, qui joignent à la plus grande simplicité l'élégance et la solidité : ce sera pour les jardins, les salons et les églises, une véritable conquête.

Ces caisses se transportent très aisément d'un lieu dans un autre, à l'aide de crochets dont M. Riduet est aussi l'inventeur, et qu'il désigne sous le nom très significatif de *crochets perpétuels;* ils peuvent, en effet, servir au transfert de toute espèce de caisses, depuis celles à grande dimension jusqu'à celles qui présentent les plus minimes surfaces. C'est un complément, sinon indispensable, du moins très utile, de sa première découverte. Le même auteur, dans sa verve féconde, nous promet encore une nouvelle brouette, qui offrira sur les autres l'avantage de voir son poids de traction sensiblement diminué, et qui réunira, comme conditions essentielles, l'élégance à une grande légèreté. Si M. Riduet tient promesse, comme nous le pensons, nous recommandons son œuvre aux *dames patronesses*, qui s'occupent de sortir elles-mêmes leurs fleurs de la serre et de les y rentrer.

FIN.

TABLE ANALYTIQUE

CHAPITRE IV.

CHAPITRE V.

CHAPITRE VI.

CHAPITRE VII.

CATALOGUE GÉNÉRAL.

FIN DE LA TABLE.

BESANÇON, IMPRIMERIE DE J. JACQUIN.

MÊME LIBRAIRIE :

Vie des Saints de Franche-Comté, par les professeurs du collége Saint-François-Xavier de Besançon ; 4 gros vol. in-8°, de 6 à 700 pages . . . . 24 fr.

La *Vie des Saints de Franche-Comté* a été couronnée le 12 novembre 1858, par l'Académie des inscriptions et belles-lettres, dans le concours des antiqaités de France.

Deux Epoques militaires à Besançon et en Franche-Comté, 1674-1814, par M. Ordinaire, chef d'escadron, professeur à l'école d'artillerie de Besançon ; 2 vol. in-8°, avec le plan du siége de 1674 ; ouvrage couronné par l'Académie de Besançon ; 12 fr.

Etude sur l'état des rapports des Domestiques et des Maîtres, et sur les moyens d'améliorer ces rapports, par M. Busson, vicaire général honoraire de Montauban ; ouvrage couronné par l'Académie de Besançon ; 1 vol. in-8° . . 1 fr.

BESANÇON, IMPRIMERIE DE J. JACQUIN.

www.ingramcontent.com/pod-product-compliance
Ingram Content Group UK Ltd.
Pitfield, Milton Keynes, MK11 3LW, UK
UKHW020546180726
13838UKWH00001B/75

9 782329 352961